스마트한 발주자의 새로운 건설방식

CM@Risk

스마트한 발주자의 새로운 건설방식

CM@Risk

김한수 지음

普文堂

추천사

책임형 CM (CM@Risk), Global Standard 이다.

건설산업이 장기 침체 국면으로 빠져들고 있습니다. 단시간 내에 회복되리라는 희망을 갖기도 어려운 상황입니다. 정부에서도 그 심각성을 인식하고 여러 정책적 수단을 동원하고 있지만, 건설산업에 내재된 구조적인 문제점들을 해결하기에는 역부족으로 보입니다.

어떤 문제점에 대한 정확한 대책과 해결책을 찾기 위해서는, 무엇보다도 정확한 진단이 전제 되어야 합니다. 우리 건설산업은 과거 수십년 동안 정부의 보호장벽 속에 안주해 온 탓에 지속 가능한 성장을 견인할 수 있는 잠재력이나 국제경쟁력이 매우 취약합니다. 설상가상으로 우리 건설 내수시장의 성장 속도마저 현저히 둔화되는 추세이고, 시장은 포화상태에 근접해 가고 있습니다.

바야흐로, 우리 업체들도 건설생산 프로세스 전반에 대해 '글로벌 스탠다드(Global Standard)' 라는 새로운 게임의 룰을 익힌 다음 세계 무대로 나가야 할 시점인 것입니다.

책임형 CM(CM@ Risk)은 건설사업관리자(CMr 혹은 PMr)가 시공이전 단계에서의 설계검토, Master Schedule 작성, 공사비 추정, 공법검토 등의 업무뿐만 아니라, 그 이후 단계인 시공까지 도맡아서 책임지고 수행하는 "원 스톱 서비스(One Stop Service)" 방식으로, 해외 시장이나 건설 선진국에서는 일반화되어 있는 Global Standard 발주 유형입니다.

책임형 CM의 가장 두드러지는 장점은 건설사업이 투명해지고, 공사비 절감과 공기 단축을 위한 확실한 동기부여가 된다는 점입니다. 대개의 책임형 CM 방식에서는 발주자와 CMr 간에 최대공사비한도(GMP, Guaranteed Maximum Price)를 정한 다음 공사를 수행하게 되는데, 공사원가를 투명하게 공개하여 최종 공사비가 GMP를 초과할 경우에 건설사업관리자도 일정 부분 책임을 지고, 반대로 공사비 절감으로 창출된 추가 이익은 발주자와 건설사업관리자가 합의된 비율에 따라 배분하게 됩니다. 이러한 구도 하에서는 발주자와 CMr의 이해관계가 서로 합치되면서 양자 모두가 공사비 절감과 공기 단축을 위해 부단한 노력을 기울일 수 밖에 없습니다.

책임형 CM의 또 다른 장점은, CMr이라는 단일 주체가 프로젝트 기획 단계에서부터 시공까지 수행하므로 건설생산 프로세스가 단순해지고, 설계 · 시공 분리 방식에 비해 시공 효율성을 제고할 수 있는 각종 공사관리 기법들의 적용이 훨씬 용이해진다는 점입니다. 뿐만 아니라, 프로젝트 기획 및 설계 단계에서 생성된 프로젝트 관련 각종 정보나 데이터가 왜곡이나 손실 없이 전달되어 시공 단계에서의 혼선이나 설계변경, 혹은 공사비 변동 여지를 최소화할 수 있을뿐더러, 대개 적대적일 수 밖에 없는 발주자와 시공자 간의 관계를 상호 신뢰를 바탕으로 하는 윈-윈(Win-Win)관계로 전환시키는 효과도 거둘 수 있습니다.

통계에 의하면, 미국 전체 건설계약의 약 30%가 책임형 CM 방식으로 수행되고 있다고 합니다. 중동이나 동남아 건설시장에서도 보다 효율적이고 생산성 높은 프로젝트 수행을 원하는 발주자들이 책임형 CM을 채택하는 경우가 점차 증가하고 있기도 합니다.

하지만 우리 나라의 상황은 이와 사뭇 다릅니다. 먼저 민간분야의 경우 기존의 제도나 관행, 건설사업 수행방식을 그대로 답습하면서 변화를 싫어하는 업계의 폐쇄적인 풍토가 책임형 CM의 정착과 활성화에 큰 걸림돌로 작용하고 있습니다. 공공분야 또한 건설산업기본법에는 책임형 CM이 도입되었으나, 아직껏 시행세칙이 마련되지 않아 관발주 프로젝트에 적용할 수 있는 근거가 매우 취약합니다.

『스마트한 발주자의 새로운 건설방식, CM@Risk』는 책임형 CM에 대한 개념을 체계적으로 정립하고, 우리 건설산업에 정착시킬 수 있는 방안을 이해하기 쉽게 정리한 책입니다. 모쪼록, 이 책이 건설산업 종사자들의 책임형 CM에 대한 이해 폭을 넓히고, 책임형 CM이 우리 건설산업의 발주방식으로 자리 잡는데 큰 힘이 되길 바라는 마음 간절합니다.

2013년 1월
한미글로벌 회장 김종훈

서문

책임형 CM은 발주자를 스마트(Smart)하게 만들어 건설사업을 보다 투명하고 빠르게 시행할 수 있는 새로운 선진형 건설방식이다. 이 책에서는 책임형 CM에 관해 발주자들이 꼭 알아야 할 핵심 주제들을 다루고 있다. 그러나 이 책이 전문서적은 아니다. 책임형 CM이라는 전문적인 주제를 이야기 형식으로 쉽게 풀어낸 교양서적이다. 발간 목적 자체가 건설기술자나 CM전문가를 위한 것은 아니다. 이 책은 책임형 CM이라는 새로운 건설방식에 익숙하지 않은 발주자를 대상으로 한 것이다. 따라서 전문적 · 이론적인 개념이나 용어는 과감하게 삭제하고 이야기를 들려주듯 쉽게 풀어내려고 했던 것이 집필의 기본 방향이었다.

이 책은 다섯 부분으로 구성되어 있으며 중간 중간에 Short Q&A를 삽입하여 해당 주제에 대한 이해도를 높이고자 하였다.

- 제1장은 CM에 대한 이해의 기초를 다지는 것을 목적으로 하였다.
- 제2장에서는 책임형 CM에 대해 필수적으로 이해할 필요가 있는 주제를 다루었다.
- 제3장은 책임형 CM을 운영하는 과정에서 꼭 필요한 지식과 정보를 담고 있다.
- 제4장에서는 앞 장에서 미처 다루지 못한 책임형 CM 관련 단골 질문들을 모아 Q&A의 형태로 정리하였다.

■ 제5장에는 이 책을 마무리하면서 책임형 CM을 고려하는 발주자들에게 전하고 싶은 조언을 담아보았다.

이 책에서는 책임형 CM에 관한 핵심 주제들을 다루고 있기는 하지만, 변화무쌍한 실무 상황과 다양한 경우의 수를 모두 담아내기에는 한계가 있다. 따라서 가장 일반적이고 전형적인 책임형 CM에 대해 이야기 하였다. 해당 사업에 가장 적합한 책임형 CM의 모습은 발주자와 책임형 CM사업자가 서로 협의하여 결정할 필요가 있다.

이 책을 다 읽었다고 해서 갑자기 책임형 CM 전문가가 되지는 않는다. 그럼에도 불구하고 책임형 CM에 대한 필수적인 기초 지식과 이해는 갖추게 될 것이며, 책임형 CM사업자와의 소통(疏通)도 한결 수월해질 것이다. 스마트한 발주자와 책임형 CM사업자간의 소통, 이 책을 집필하게 된 출발점이었다.

2013년 1월

세종대학교 교수 김한수

목차

1 CM기초 다지기

2 책임형 CM 이해하기

3 책임형 CM 활용하기

4 책임형 CM에 대한 단골 Q&A

5 맺는말

Question 01

발주자는 건설사업의 관객인가?

발주자는 건설사업의 관객이 아니다.
감독과 코치의 역할을 담당해야 하는
관리자(Manager)이다.
건설사업을 돌보는 발주자의 손길과 관리는
성공적인 건설사업의 필수조건이다.

많은 발주자들이 하는 흔한 오해가 한 가지 있다. 좋은 설계자와 좋은 시공자만 있으면 건설사업이 저절로 성공할 것이라고 믿는 것이다. 이는 개개인의 능력이 뛰어난 선수들만 모아 놓으면 저절로 강팀이 되어 우승할 수 있다고 믿는 것과 별반 다르지 않다. 강팀이 되어 우승을 하기 위해서는 유능한 감독과 코치가 있어야 한다.

건설사업의 경우도 동일하다. 건설사업의 성공은 설계, 시공, 관리라는 3박자가 제대로 들어맞아야 가능하다. 설계는 설계자의 몫이고 시공은 시공자의 몫이다. 만일 능력 있는 설계자와 시공자를 선정할 수 있다면 - 이것도 쉬운 일이 아니다. - 건설사업의 성공을 위해 필요한 2가지 박자는 갖춘 셈이다. 그러나 나머지 중요한 박자가 여전히 남는다.

나머지 박자는 누구의 몫일까? 바로 발주자의 몫이다. 예를 들어, 설계자와 시공자를 제대로 뽑았다 할지라도 이들이 제대로 일을 하는지를 끊임없이 지켜보고 관리해야 한다. 사업초기 단계에서 책정한 공사비와 공기가 지켜지고 있는지도 관리해야 한다. 기대했던 품질이 제대로 나오고 있는지도 확인해야 한다. 만일 공사 중에 시공사에서 추가 공사비를 요구하였을 때 이를 지불하는 것이 맞는 것인지, 지불해야만 하는 상황이라면 얼마를 추가로 지급해야 바가지를 쓰지 않는지도 판단해야 한다. 위의 예시들은 건설사업을 관리하는 과정에서 발주자가 신경 써야 할 일들의 일부에 불과하며 이보다 훨씬 더 복잡하고 많은 일들이 발주자의 손길을 필요로 한다.

결국 건설사업에서 발주자는 관객이 아니라 감독과 코치와 같은 관리자(Manager)의 역할을 담당해야 한다. 그러나 문제는 그 역할이 작지도 쉽지도 않다는 것이다. 실패한 건설사업들의 원인을 분석해보면 발주자의 관리 실패가 큰 원인 중 하나라는 것을 기억할 필요가 있다. 능력 있는 관리자로서 발주자의 역할은 건설사업의 성공을 위해 매우 중요한 한 축(軸)이기 때문이다.

좋은 씨앗과 좋은 토양을 갖추었다고 반드시 좋은 열매가 열리는 것은 아니다. 열매의 성장 과정에서 모진 날씨를 겪을 수도 있고 해충(害蟲)이 끼일 수도 있다. 농부의 손길과 관리는 필수적이다. 건설사업의 성공원리도 이와 동일하다. 건설사업을 돌보는 발주자의 손길과 관리는 성공적인 건설사업의 필수조건이다.

Question 02

아무나 능력 있는 발주자가 될 수 있는가?

발주자는 아무나 될 수 있다.
그러나 능력 있는 발주자는 아무나 될 수 있는 것이 아니다. 건설사업이 "땅 짚고 헤엄치기"라면 발주자의 관리 능력은 필요 없다.
하지만 현실은 정반대이다.
선주(船主)라고 해서 선장(船將)의 경험과 능력을 자동적으로 갖게 되는 것은 아니다.

아무나 설계자와 시공자가 될 수 있는 것은 아니다. 해당 업종에 필요한 면허, 등록, 신고 등의 법적 요건을 갖추어야 비로소 설계자, 시공자라고 불릴 수 있다. 그러나 법적 요건만을 갖추었다고 해서 저절로 능력 있는 설계자나 시공자가 되는 것은 아니다.

능력 있는 설계자와 시공자가 되기 위해서는 우수한 인력과 경험을 갖추어야 한다. 설계사무소나 건설회사는 이를 갖추기 위해 건축, 토

목, 전기, 기계 등의 전공 교육을 받고 기사, 건축사, 기술사 등의 자격증을 보유한 사람을 채용하여 지속적으로 교육 · 훈련을 시킨다. 좋은 설계자나 시공자는 저절로 되는 것이 아니라 교육 · 훈련과 경험을 통해 만들어 지는 것이다.

반면 발주자는 아무나 될 수 있다. 건설사업의 발주자가 되기 위해 법적으로 요구되는 면허, 등록, 신고는 존재하지 않는다. 대학 전공 중에 발주자 학과라는 것도 존재하지 않는다. 어떤 교육 · 훈련을 받았는지 또는 발주자로서 어떤 경험이 있는지를 따져 발주자 '자격증'이 있어야만 발주자가 되는 것이 아니다. 시행 할 사업과 자금만 손에 있다면 누구나 발주자가 될 수 있다.

A라는 IT전문기업이 사세 확장에 따라 500억 원 규모의 첨단 본사 사옥을 처음으로 지을 필요가 생겼다고 가정해 보자. 사장이 직접 나서서 본사 건립을 추진할 수는 없으니 밑에 있는 김 전무를 담당자로 지명하여 사업을 추진토록 하였다. 이때부터 김 전무는 발주자의 역할을 담당하는 것이다. 그러나 김 전무의 전공은 컴퓨터공학이고 수십 년간 A기업에서 쌓아온 경험은 IT시스템 개발과 영업이다. 따라서 건설사업에는 문외한이다. 그런데 어느 날 갑자기 김 전무에게 발주자의 역할이 주어진 것이다. 발주자가 되는 것은 쉬웠지만 건설사업 성공의 요건 중 하나인 능력 있는 관리자의 역할을 제대로 감당하기

에는 매우 난감한 상황이다.

많은 발주자들에게 특히 경험이 많지 않은 발주자들에게 건설사업은 매우 난이도가 높은 도전이다. "내가 다시 집이나 건물을 지으면 성(姓)을 간다"라는 말이 괜히 나온 게 아니다. 건설사업을 하다가 지병이 도지거나, 없던 화병이 생긴 사람들의 이야기를 우리 주변에서 듣는 것이 그다지 드문 일은 아니다. 건설사업을 시행하는 게 그만큼 골치 아프고 난이도가 높다는 증거이며 그만큼 능력 있는 관리자가 필요하다는 것이다.

A기업의 경우처럼 발주자라고 해서 김 전무에게 건설사업의 관리자 역할을 맡기는 것은 선주(船主)라고 해서 유조선의 선장(船將)직을 맡기는 것만큼이나 무모하고 위험하다. 선주라고 해서 선장의 경험과 능력을 자동적으로 갖게 되는 것은 아니기 때문이다.

Question 03

능력 있는 발주자가 되기 위한 방법은 무엇인가?

능력 있는 발주자가 되는 방법에는 스스로 전문가 되기, 전문가 상시 고용, 아웃소싱(Outsourcing) 등의 세 가지가 있지만 대부분의 발주자들에게 남는 선택은 세 번째 방법을 선택할 것인지 말 것인지에 대한 옵션만 남는다.

능력 있는 발주자가 되기 위한 방법에는 세 가지가 있다. 그러나 이 세 가지 방법이 모든 발주자에게 다 적합한 것은 아니다. 위에서 언급한 A기업의 사례를 두고 얘기해 보자.

첫 번째 방법은, 김 전무를 건설관련 대학에 진학시켜 공부하게 하고 스스로를 건설사업관리 전문가가 되도록 하는 것이다. 현실적으로 불가능한 방법이다. 설사 건설사업관리를 공부하여 졸업하였다 할지라도 초짜에 불구하다. 유능하고 경험 있는 관리자의 역할을 기대하기는 어렵다.

둘째는, A기업에서 건설사업의 관리 업무를 담당할 수 있는 직원을 대거 신규 채용하는 방법이다. A기업은 IT전문기업이니 건설사업관리를 담당 할 수 있는 인원을 이미 보유하고 있을 가능성이 높지 않다. 따라서 신규 채용이 불가피할 것이다. 설계관리 업무를 수행할 직원, 공사비를 관리할 직원, 공정을 관리할 직원, 품질을 관리할 직원, 계약을 관리할 직원, 현장을 관리할 직원 등을 신규로 채용하여 건설사업을 직접 관리하도록 하면 된다. 능력있고 정직한 직원을 뽑는 것이 쉬운 일이 아닐 뿐만 아니라 더 결정적인 약점이 있다.

만일 A기업이 본사 건립 이후 지속적으로 시행할 건설사업이 줄지어 있다면 이러한 상시 발주자 조직을 갖추고 있는 것도 나쁜 옵션은 아니다. 그러나 만일 본사 사옥 건립 이후 향후 수십 년간 다시 건물을 지을 일이 없다면 신규 채용한 인원들을 어떻게 할 것인가? 역할이 사라진 건설관리 인원을 IT전문기업에서 지속적으로 데리고 있는 것은 경영부담 · 비용부담일 뿐이다. 결국 두 번째 방법도 건설사업을 지속적으로 시행하는 상시 발주자가 아니라면 선택하기 어려운 옵션이다.

결국 A기업에게 남는 옵션은 세 번째 방법이다. A기업의 경우, 발주자의 역할을 대신 할 수 있는 주체에게 일정 대가(代價)를 지급하고 해당 사업이 준공될 때 까지만 건설사업을 관리하는 역할을 맡길 수 있다. 물론 사업이 종료되면 빠이~ 빠이~ 하면 된다.

세 번째 옵션은 발주자의 고유 기능과 역할인 건설사업관리를 한시적으로 아웃소싱(Outsourcing)하는 것이다. 김 전무가 졸업할 때까지 기다릴 필요도 없고, 직원을 새로 채용 할 필요도 없고, 사업이 종료되어 계속 보유하거나 해고할 필요도 없으니 A기업 입장에서는 고려해 볼만한 가치가 있는 옵션이다.

Question 04

CM이란 무엇인가?

CM(Construction Management, 건설사업관리)이란
발주자를 대신해서 건설사업을
처음부터 끝까지 관리해 주는 서비스이며
발주자의 관리 역량을 향상시키기 위한 해법이다.
CM은 기존의 설계 서비스 및 시공 서비스가 지닌
공백을 극복하고, 난이도가 높아진 건설사업에서
발주자에게 최소의 비용과 확실성을 제공하기 위해
등장한 새로운 유형의 서비스이다.

CM은 Construction Management의 약자로 우리나라에서는 건설사업관리라는 용어로 통용되고 있다. CM은 위에서 설명한 세 번째 방법에 해당되는 것이다. 즉, 「발주자의 고유 기능과 역할인 건설사업관리를 아웃소싱한 것」 또는 「발주자를 대신해서 건설사업을 처음부터 끝까지 관리해 주는 서비스」 이다. 이때 CM서비스를 제공하는 주체

를 건설사업관리자, CM사업자, CM기업이라고 부른다.

우리나라에 CM이 제도적으로 도입된 시기는 1990년대 중반으로[1)] 기존에 존재하였던 설계 서비스나 시공 서비스에 비하면 상대적으로 새로운 서비스이다. 사실 우리에게나 새로운 서비스이지 미국과 영국 등 선진국에서는 이미 1960년대부터 발주자들이 사용해 온 전통 있는 서비스이다.

◀
국내에서 최초로 공공건설에 CM이 적용된 2002년 월드컵 상암주경기장. 1998년에 CM으로 발주되었으며 한미글로벌이 CM을 수행하였다.

왜 CM이라는 것이 등장하게 되었을까? 복잡한 학술적인 설명은 생략하고 CM이 등장하게 된 배경을 한번 쉽게 짚어보자. 첫째는 건설사업의 난이도가 점점 더 높아져 왔기 때문이다. 과거에서 현재의 동향을 살펴보면 건설사업은 점점 더 커지고 복잡해져 왔다. 이는 건설사업의 관리 난이도도 비례해서 높아졌다는 것을 의미한다. 결국 발주

1) 용역형 CM이 도입된 시기이며 책임형 CM는 그 보다 늦게 도입되었다.

자 입장에서는 건설사업관리라는 '숙제'가 점점 더 어려워 진 것이다.

둘째는 역동적인 경제 상황과 치열해지는 비즈니스 경쟁상황 때문이었다. 많은 발주자들에게 건설사업은 자신의 비즈니스를 영위하기 위한 투자(비용)의 일부이다. 예를 들어 S기업의 대형 할인마트의 경우를 생각해 보자. S기업의 입장에서 대형 할인마트에 투입되는 공사비는 비즈니스를 위한 투자이다. 대형 할인마트간의 경쟁이 치열한 상황에서 투자비를 최소화하지 않으면 판매하는 물건의 가격경쟁력을 확보하기 어렵다. 만일 공기가 늦어져 개점이 일주일만 늦어져도 공사비가 문제가 아니라 일주일치 매출을 손해 보는 것이다. 즉, 발주자 입장에서 건설사업에 대한 최소 비용과 확실성은 매우 중요할 수 밖에 없는 현안이다.

마지막 이유는 기존 서비스의 한계 때문이었다. 건설사업관리라는 새로운 서비스 영역이 출현하기 훨씬 이전부터 설계와 시공이라는 서비스 영역은 이미 존재하고 있었다. 그러나 기존의 설계나 시공 영역은 발주자에게 설계 서비스나 시공 서비스를 제공하는 역할이었지 발주자를 대신하는 건설사업관리 서비스를 제공하기에는 한계가 있었다.

결국 CM은 위에서 설명한 세 가지 배경이 복합적으로 작용하여 1960년대 미국 건설산업에서 등장한 것이며, 1990년대 중반에 이르러 우리나라에서도 발주자들이 이를 활용할 수 있도록 CM 제도가 도입된 것이다.

Question 05

CM은 '추가' 비용인가?

CM비용은 명백하게 비용이지만,
'추가' 비용은 아닐 수도 있다.
CM 비용과 혜택, CM을 활용하지 않았을 때의
손실을 발주자는 반드시 비교해 보아야 한다.
CM을 통해 손실을 줄일 수 있고,
CM혜택이 CM비용을 상회한다면
CM비용은 '추가' 비용이 아닌 가치 있는 투자이다.

CM의 활용 여부를 검토하는 과정에서 발주자들에게 가장 신경 쓰이는 것은 추가비용의 발생이다. CM사업자 없이 발주자 스스로 건설사업을 관리하면 발생하지 않을 비용이 CM사업자를 사용하면 추가로 발생하기 때문이다.

분명 CM사업자를 고용하면 비용은 발생한다. 그러나 이것이 '추가' 비용인지는 한번 따져볼 필요가 있다.

이런 질문을 한번 생각해보자. 과외선생은 추가비용인가? 공부는 원래 본인이 알아서 스스로 해야 하는 것이다. 만일 혼자 공부해도 얼마든지 성적을 올릴 수 있는 학생이라면 과외선생을 쓰는 것은 쓸데없는 추가비용이다.

그렇다면 어떤 학생들에게 과외선생이 필요할까? 두 가지 유형일 것이다. 첫째는 혼자 공부해서는 성적이 떨어지거나 성적이 오르기 힘든 학생일 것이다. 둘째는 혼자서도 어느 정도는 잘 할 수 있지만 과외선생을 고용함으로써 성적을 더 올리고 싶은 학생일 것이다. 만일 과외선생을 고용하여 성적이 오른다면 즉, 「혜택(성적) 〉 비용(과외비)」이라면 이를 추가비용이라고 간주하지는 않을 것이다.

또 다른 관점은 비용 대 손실로 비교해 보는 것이다. 즉, 과외신생을 고용했을 때의 비용과 과외선생을 고용하지 않았을 때의 손실(성적하락, 재수비용, 하향진학 등)을 비교하는 것이다. 만일 비용이 손실에 비해 크다면 과외선생을 고용하는 것은 낭비이지만, 그 반대의 경우라면 과외선생을 고용하는 것이 경제적인 결정이다.

CM의 경우도 동일하다. CM을 활용하였을 때의 혜택과 비용 또는 CM을 활용하지 않았을 때의 손실을 반드시 비교하여 따져보고 CM의 활용여부를 결정하는 것이 지혜로운 일이다.

물론 발주자 입장에서 보면 이러한 의사결정에 어려움도 있다. CM 사업자를 활용하였다고 해서 반드시 혜택을 얻거나 손실을 줄일 수 있는가에 대한 확신을 갖기 어려울 것이다.

CM 활용시 비용	CM 비활용시 비용(손실)
CM사업자에게 지급하는 대가	1. 발주자의 시간, 노력 및 스트레스 2. 발주자 인원이 건설사업관리를 위해 본연의 비즈니스를 수행하지 못해 발생하는 손실 3. 능력이 부족한 발주자의 미숙한 관리로 인해 발생하는 공사비 초과, 공기 연장, 품질 미확보 등에 따른 손실 4. 전문적인 건설사업관리자를 통해 얻을 수 있는 공사비 준수/절감, 공기 준수/단축, 고품질 확보의 기회 손실

CM사업자를 활용했다는 이유만으로 건설사업이 반드시 실패를 면하거나 성공을 하는 것은 아니다. 과외선생을 쓴다고 해서 반드시 성적이 오르는 것은 아니라는 것과 동일한 원리이다. 이를 위해서는 능력있는 CM사업자를 잘 뽑아 효과적으로 활용해야 할 필요가 있다.

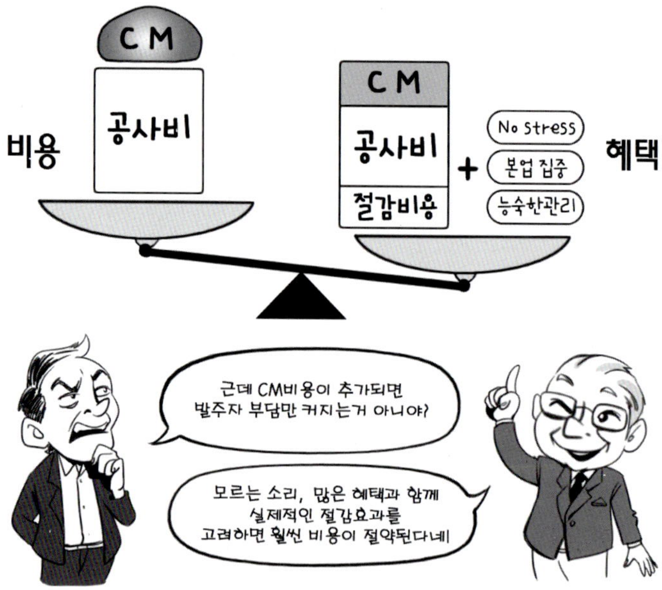

1 CM기초 다지기

2 책임형 CM 이해하기

3 책임형 CM 활용하기

4 책임형 CM에 대한 단골 Q&A

5 맺는말

Question 06

책임형 CM이란 무엇인가?

책임형 CM은 용역형 CM과 더불어
CM의 대표적인 방식 중 하나이다.
책임형 CM은 책임형 CM사업자가 건설사업
초기단계에서부터 참여하여 시공이전단계에서는
건설사업관리 서비스를 제공하고,
시공단계에서는 시공 서비스를 제공하는
CM방식을 의미한다.

만일 직접 건설사업을 관리 할 수 있는 조직, 인력, 역량, 경험 등이 부족한 발주자가 CM을 활용하겠다고 결정하면 선택할 수 있는 옵션이 두 가지가 있다. CM에는 두 가지 형태가 있다는 의미이며, 용역형 CM(CM for Fee)과 책임형 CM(CM at Risk)[2] 으로 구분된다. 이를 CM방식이라고도 부르며 「CM서비스를 활용하는 방식」의 준말이라고

2) 법적인 공식용어는 "시공책임형 건설사업관리" 이지만 이 책에서는 줄여서 책임형 CM이라고 표현하고 있다.

이해하면 된다.

책임형 CM을 이해하기 위해서는 다음 그림을 참조할 필요가 있다.

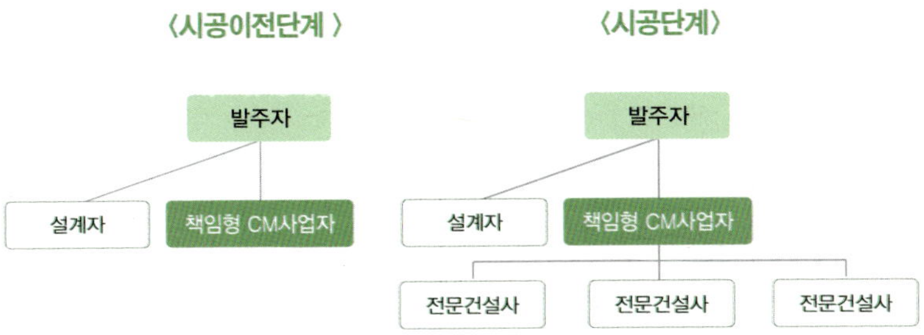

〈책임형 CM 조직도〉

위 그림은 책임형 CM방식에서 발주자, 책임형 CM사업자, 설계사, 전문건설사들이 어떤 계약관계를 지니고 있는지를 보여주는 조직도이다.

일단 두 가지 두드러진 특징이 발견된다. 첫째는 시공이전단계와 시공단계의 조직도가 다르다는 것, 둘째는 전문건설사는 보이는데 종합건설사가 보이지 않는다는 것이다.

첫 번째 특징을 살펴보면 책임형 CM사업자가 시공이전단계[3] 와 시공단계에 모두 참여하고 있다. 쉽게 표현하면 건설사업의 처음부터 끝까지 참여한다는 것이다.

그러나 시공이전단계와 시공단계의 조직도가 다르다. 실제적인 시

3) 기획, 타당성조사, 기본 · 실시설계 단계 등을 의미한다.

공을 담당하는 전문건설사는 착공으로 시작되는 시공단계부터 참여하기 때문이다. 즉, 시공이전단계에서는 책임형 CM사업자가 전문건설사를 밑에 두지 않고, 시공단계에 가서야 비로소 전문건설사를 거느리는 구도를 가지게 된다. 그 결과로 시공이전단계와 시공단계의 조직도에 차이가 생기는 것이다.

이를 전문적인 용어로 설명하면 시공이전단계에서 책임형 CM사업자는 용역자(Consultant)라는 계약적 위상을 지니며, 시공단계에서는 시공자(Contractor)라는 계약적 위상을 지닌다고 표현된다. 결국 책임형 CM사업자는 「용역자(시공이전단계) + 시공자(시공단계)」라는 정체성을 동시에 지니고 있는 것이다.

Short Q&A

Q 책임형 CM사업자에게는 용역비를 주는가? 공사비를 주는가?

A 책임형 CM사업자의 정체성은 「용역자(시공이전단계) + 시공자(시공단계)」이기 때문에 시공이전단계에는 용역비, 시공단계에는 공사비를 지급한다.

두 번째 특징은 많은 발주자들이 의아하게 생각할 수 있는 부분이다. 건설사업에서 발주자는 종합건설사와 계약하고, 종합건설사는 전문건설사와 계약을 맺는 구도가 대부분의 발주자들에게 익숙한 구도

이다.[4] 그런데 위 그림에서는 종합건설사가 사라져 있으니 의아해 하는 것이 당연할 수 있다.

실제로 종합건설사가 사라진 것은 아니다. 다만, 다르게 표현되어 있을 뿐이다. 책임형 CM사업자가 종합건설사의 역할을 하는 것이다. 이것이 바로 책임형 CM의 정체성이며 주요 특징이다.

「건설산업기본법」 이라는 관련 법에서는 책임형 CM을 수행하기 위해서는 종합건설사 등록을[5] 필수 요건으로 규정하고 있다. 따라서

4) 이를 전통적인 방식, 단순도급방식, GC(General Contractor)방식, 설계시공분리방식이라고 한다.
5) 실무에서도 습관적으로 건설업 면허라는 용어를 종종 사용하지만, 건설업 면허제는 1999년에 폐지되었고 그 이후로는 등록제로 운영되고 있다.

종합건설사가 전문건설사와 계약을 맺는 구도가 달라진 것이 아니다. 다만, 종합 건설업 등록을 보유한 CM사업자를 책임형 CM사업자라고 다르게 표현하는 것뿐이다.

그렇다면 전통적인 방식(단순도급)과 책임형 CM방식과는 어떤 차이가 있는 것인가? 아주 큰 차이가 있다.

이를 쉽게 이해하기 위해 건설사업을 축구경기에 한번 비유해 보자. 축구경기에 전반전, 후반전, 연장전이 있듯이 건설사업에도 전반전, 후반전, 연장전이 있다. 시공이전단계는 전반전, 시공단계는 후반전, 운영 및 유지관리단계는 연장전에 해당된다.

이 개념을 이용해서 단순도급과 책임형 CM을 비교하면, 단순도급의 경우에서 종합건설사는 후반전(시공단계)만 뛰는 것이고, 책임형 CM에서 책임형 CM사업자는 전후반전(시공이전단계 + 시공단계)을 모두 뛰는 것이다. 즉, 시공이전단계 건설사업관리 서비스와 시공단계 시공 서비스가 결합된 형태이며 이를 책임형 CM이라고 부르는 것이다.

결국 책임형 CM은 책임형 CM사업자가 시공이전단계에서는 전문건설사를 거느리지 않은 상태에서 건설사업관리 서비스를 제공하고, 착공 이후 시공단계에서는 전문건설사를 거느리고 시공 서비스를 제공하는 방식을 의미하는 것이다.

Short Q&A

Q 종합건설사라면 모두 책임형 CM을 수행할 수 있는가?

A 그렇지 않다. 현재 우리나라에는 약 12,000여개의 종합건설사가 존재한다. 이들 종합건설사가 모두 책임형 CM을 수행할 수 있는 능력을 갖추고 있는 것은 아니다. 책임형 CM을 수행하기 위해서 종합건설업 등록을 해야 한다는 것은 법적인 최소기준일 뿐 종합건설사라면 누구나 책임형 CM을 수행할 수 있는 능력이 있다는 의미는 아니다. 따라서 발주자는 옥석(玉石)을 가려서 책임형 CM사업자를 선정해야 한다.

Question 07

책임형 CM은 언제, 왜 도입되었는가?

CM제도는 건설사업의 효율성과 성공 가능성을
높이기 위해 도입된 제도이며 발주자를 위한 제도이다.
1997년 용역형 CM제도 시행 이후
CM방식을 다양화하여 발주자가 CM의 혜택을
받을 수 있는 길을 보다 넓힐 필요가 있었으며
그 결과로 책임형 CM이 2011년에
제도적으로 도입되었다.

책임형 CM이 우리나라에 공식적으로 도입된 시기는 2011년 5월이며 「건설산업기본법」의 개정을 통해 도입되었다. 물론 그 이전에도 일부 기업에서 '비공식적'으로 책임형 CM을 민간 건축사업에서 적용한 사례가 있기는 하다. 그러나 법적 · 제도적으로 책임형 CM이 도입된 공식적인 시기는 2011년이다.

건설산업기본법 제2조 9항에서 규정하고 있는 책임형 CM의 공식

명칭은 시공책임형 건설사업관리로 "종합공사를 시공하는 업종을 등록한 건설업자가 건설공사에 대하여 시공이전단계에서 건설사업관리 업무를 수행하고 아울러 시공 단계에서 발주자와 시공 및 건설사업관리에 대한 별도의 계약을 통하여 종합적인 계획, 관리 및 조정을 하면서 미리 정한 공사 금액과 공사기간 내에 시설물을 시공하는 것을 말한다."로 정의되어 있다.

책임형 CM의 도입 과정과 배경을 이해하기 위해서는 우리나라의 CM역사를 간략하게 살펴볼 필요가 있다. 우선 책임형 CM은 용역형 CM의 동생뻘이라는 것을 이해할 필요가 있다. 책임형 CM보다 용역형 CM이 법적 · 제도적으로 우리나라에 먼저 도입되었다는 의미이다.

용역형 CM이 제도적으로 시행된 시기는 1997년 7월로[6] 책임형 CM보다 14살 정도 형뻘이다. 용역형 CM제도의 도입을 주관했던 건설교통부(現 국토해양부)에서는 당시 용역형 CM제도의 도입 배경과 기대효과를 다음과 같이 설명하고 있다.

결국 용역형 CM제도는 건설사업을 보다 효율적 · 성공적으로 수행하기 위해 필요한 전문적인 건설사업관리 서비스를 발주자가 사용할 수 있도록 길을 열어준 제도이다. 용역형 CM제도 도입 이후 건설교통부(現 국토해양부)에서는 CM방식을 다양화하여 발주자가 CM의 혜택

6) 미국 건설산업의 경우, CM이 도입된 시기는 1960년대 초반으로 우리보다 약 40여년 앞서 있다. 해외 선진국에서 CM은 이미 보편화된 서비스로 활용되고 있다.

CM 도입배경 · 필요성	CM 기대효과
1. 품질제고, 비용절감, 공기단축 등의 목표를 달성하기 위해 건설사업 전(全) 단계에 걸쳐 효율적이고 전문적인 관리활동 요구 2. 설계감리 및 책임감리 등의 제도가 도입되어 실효를 거두고 있으나, 대부분 품질위주의 관리방식에 그치고 있어 이에 대한 개선 필요 3. 발주기관 또는 사업별 특성에 맞는 다양한 사업관리 수행체계 필요	1. 건설사업 전 단계에 대한 체계적이고 효율적인 관리로 공기단축 및 비용절감 기대 2. 사업관리기술 발전에 따른 우리나라 건설산업의 국제 경쟁력 강화

*자료 : 국토해양부 홈페이지

을 받을 수 있는 길을 보다 넓힐 필요가 있다고 판단하였으며 후속조치로 책임형 CM제도가 도입된 것이다.

Question 08

책임형 CM사업자가 하는 일은 무엇인가?

책임형 CM사업자의 역할은 시공이전단계에서는 건설사업관리자, 시공단계에서는 시공자이며 수행하는 업무도 이에 준한다.
특히 시공이전단계에서의 핵심적인 업무는 시공성 검토, 공사비 견적, 마스터 공정계획 및 관리, Value Engineering, Design to Cost 등 이다.

책임형 CM사업자의 역할은 시공이전단계와 시공단계에서 서로 다르다. 시공단계에서의 책임형 CM사업자의 역할은 쉽게 설명될 수 있다. 기존의 단순도급사업에서 종합건설사가 했던 역할과 동일하다고 보면 된다. 즉, 전문건설사를 선정하여 시공을 수행하며 공사비, 공기, 품질 등에 대한 책임을 지는 역할을 담당하는 것이다.

시공이전단계 역할의 경우, 가장 쉽게 설명하면 설계(단계)관리라고 보면 된다. 설계를 하는 것이 아니라 설계(단계)관리를 하는 것이다. 즉, 발주자를 대신하여 설계과정을 관리하며 공사비, 공기, 품질 등의 측면에서 좋은 설계가 나올 수 있도록 매니지먼트 하는 역할이다. 가장 핵심적인 역할은 시공성 검토, 공사비 견적, 마스터 공정계획 및 관리, VE(Value Engineering)[7], Design to Cost[8] 등을 들 수 있다.

시공이전단계의 설계(단계)관리가 왜 중요한지는 Question 14에서 설명하고 있지만 만일 확신이 들지 않는다면 건설사업을 시행해 본 발주자들에게 귀동냥을 해볼 것을 권고해 보고 싶다. "설계를 제대로 (관리)해야 시공이 편안하다"는 얘기를 많이 듣게 될 것이다. 유경험자들이 이를 강조하는 것은 그만한 이유가 있기 때문이다.

Short Q&A

Q 책임형 CM사업자가 설계도 하는가?

A 하지 않는다. 책임형 CM은 건설사업관리 서비스와 시공 서비스가 결합된 형태이다. 설계는 설계사의 몫이며 발주자는 설계사를 별도로 선정해야 한다. 따라서 책임형 CM사업자의 역할은 설계자가 아니라 설계관리자이다.

7) 공사비 절감 또는 설계가치 향상을 위해 설계 개선안을 찾아내는 업무 또는 기법.
8) 공사비 예산안에서 시공이 가능한 설계안을 도출하기 위한 원가준수/절감 업무 또는 기법.

Question 09

책임형 CM에서 "책임"은 어떤 의미인가?

책임형 CM사업자의 책임은 시공자의 책임과
거의 동일하다고 이해하면 된다.
공기, 품질, 안전 등에 대한 책임형 CM사업자의
책임은 이해하기 쉬운 반면,
공사비와 설계에 대한 책임은 다소 복잡하다.

책임형 CM이란 용어 앞에 "책임"이라는 단어가 붙어 있으니 어떤 책임을 지는가에 대해 발주자들은 궁금할 것이다. 책임형 CM사업자의 계약적 정체성은 「용역자(시공이전단계) + 시공자(시공단계)」 라고 이미 앞에서 설명한 바 있다. 같은 맥락에서 보면 책임형 CM사업자는 용역자 책임과 시공자 책임을 모두 지는 것이다.

그러나 간단하게 설명하면 책임형 CM사업자 책임은 시공자 책임과

거의 동일하다고 생각하면 된다. 시공자 책임이라고만 기억해도 되는 이유는 용역자 책임보다는 시공자의 책임이 훨씬 더 크기 때문이다. 따라서 발주자 입장에서는 굳이 복잡하게 기억하는 것 보다는 책임형 CM사업자는 시공자의 책임을 진다고 이해하면 된다.

이해를 돕기 위해 몇 가지 예를 들어 책임형 CM사업자의 책임이 어떤 내용인지 한번 살펴보자.

만일 계약서에 명시된 준공일을 책임형 CM사업자가 지키지 못했을 때 패널티(지체상금)를 책임형 CM사업자에게 부과할 수 있는가? 부과할 수 있다. 전문건설사의 시공 부실로 안전이나 품질에 문제가 생겼을 때 이에 대한 책임을 책임형 CM사업자에게 물을 수 있는가? 물을 수 있다. 물론 이 두 가지 경우 모두 발주자의 귀책사유가 없을 때를 전제로 하는 것이다.

그 다음으로 발주자가 궁금해 할 책임의 내용 중 하나는 공사비에 대한 책임일 것이다. 이 주제는 사실 상당히 복잡하다. 따라서 공사비에 대한 책임형 CM사업자의 책임을 설명하기 위해서는 책임형 CM사업자에게 지급하는 대가에 대한 이해가 선행되어야 하며 제 3 장을 참조하면 된다.

Question 10

책임형 CM사업자가 설계에 대한 책임도 지는가?

책임형 CM사업자는 설계에 대한 책임으로부터
완전히 자유롭지 않다. 흑백(黑白)논리로 따지면
책임형 CM사업자도 설계에 대한 책임이 있다.
그러나 설계자의 책임이 아닌
설계관리자의 책임을 지는 것이다.
설계 그 자체에 대한 책임이 아니라
설계를 관리하는 과정상의 책임을 지는 것이다.

설계에 대한 책임형 CM사업자의 책임을 따로 떼어놓고 살펴보는 이유는 공기, 품질, 안전 등에 대한 책임과는 성격이 매우 다르기 때문이다. 설계에 대한 책임형 CM사업자의 책임을 이해하기 위한 전초전(前哨戰)으로 단순도급방식에서 설계에 대한 종합건설사의 책임을 먼저 짚어보자.

단순도급방식이란 「발주자-설계사」, 「발주자-종합건설사」, 「종합건설사-전문건설사」가 상호 계약을 맺고 건설사업을 진행하는 방식이다. 시간적 흐름으로 보면 발주자는 설계사를 선정하여 설계를 의뢰하고, 설계가 종료되면 또는 설계성과품(도면, 시방서 등)이 완성되면 발주자는 이를 종합건설사에게 전달하여 입찰을 받고 서로 조건이 맞으면 종합건설사를 선정한다. 그 이후 종합건설사는 물리적인 시공을 수행하는 전문건설사를 선정하여 건설사업을 진행하게 된다.

단순도급방식에서 설계에 대한 1차적인 책임은 설계사가 지는 것이다. 설계비를 받고 설계를 하는 주체는 설계사이기 때문에 설계에 대한 1차적인 책임을 설계사가 지는 것은 당연하다.

종합건설사의 경우, 원칙적으로는 설계의 책임으로부터 자유롭다. 종합건설사 입장에서 보면 설계는 발주자로부터 받은 것이기 때문에 만일 설계에 하자가 있다면 이에 대한 책임을 발주자가 지는 것이 당연하다. 비록 설계사가 설계를 한 것이지만 종합건설사와 설계사 간에는 계약관계가 존재하지 않기 때문에 설계에 대한 책임을 종합건설사가 설계사에게 직접 물을 수는 없다. 따라서 만일 설계에 하자가 있다면 종합건설사는 이에 대한 책임을 발주자가 지도록 하고, 발주자는 이를 설계사와 해결해야 한다.

물론 현실에서는 시공이 잘못 되었을 때 이것이 설계(사)의 잘못인지 시공(사)의 잘못인지에 대한 시비가 늘 발생한다. 그럼에도 불구하고 원칙적으로는 설계가 종료된 이후 건설사업에 참여하는 종합건설사는 발주자가 준 설계대로 시공을 하는 역할이기 때문에 설계에 대한 책임으로부터는 자유롭다고 할 수 있다.

책임형 CM의 경우에서는 이야기가 다소 달라진다.

책임형 CM의 경우에서도 설계에 대한 1차적인 책임은 설계비를 받고 설계를 한 설계사의 몫이다. 책임형 CM사업자가 설계사의 역할을 한 것은 아니기 때문에 설계에 대한 1차적인 책임을 지지는 않는다.

그렇다면 책임형 CM사업자는 설계에 대한 책임이 전혀 없는 것인가? 만일 "있다", "없다"의 흑백(黑白)논리로 따지면 "있다"가 맞는 대답이다. 책임형 CM사업자의 역할 중 하나는 발주자를 대신하여 설계를 관리하는 것이며 이 업무에 대해 많든 적든 대가를 지급받는다. 따라서 대가를 받았는데 책임이 無(Zero)라는 것은 상식적으로 말이 되지 않는다.

그러나 책임의 성격을 발주자는 정확하게 이해할 필요가 있다. 책임형 CM사업자도 설계에 대한 책임으로부터 완전히 자유로울 수는 없지만 설계 그 자체에 대한 책임이 아니라 관리자로서의 책임을 지는 것이다. 즉 설계 관리자로서 부주의, 태만 등의 귀책사유가 있는지 여부에 따라 책임 여부나 수위가 결정되는 것이다. 물론 책임형 CM사업자가 설계과정에 어느 정도로 적극적으로 개입하였는가에 따라 책임 여부는 달라진다.

다소 설명이 복잡해진 것 같다. 건설사업에서 계약적 책임은 그만큼 까다로운 주제이기 때문이다.

Short Q&A

Q 책임형 CM사업자에게 설계 그 자체에 대한 책임을 지울 수 있는 방법이 있는가?

A 없다. 만일 책임형 CM사업자에게 설계 그 자체에 대한 책임까지 지게 한다면 이는 책임형 CM방식이 아니라 턴키(Turnkey)방식이라고 부르는 것이 적합하다. 턴키방식이란 종합건설사에게 설계 그 자체에 대한 책임까지도 지게 하는 방식이다. 이 경우 설계사는 발주자와 계약을 맺는 것이 아니라 종합건설사와 (하도급)계약을 맺는다. 결국 계약적으로 설계사는 종합건설사의 '집안 사람'이기 때문에 종합건설사가 설계 그 자체에 대한 책임을 지는 것이다.

Question 11

책임형 CM은 어떤 건설사업과 발주자에게 어울리는가?

책임형 CM이 어떤 건설사업과 발주자에게
어울리는지에 대한 판단을 위해서는
다양한 요인들을 고려해야 한다.
그럼에도 불구하고 으뜸 요인은
발주자의 경험과 역량 수준이다.
슈퍼(Super) 발주자가 아닌 이상 규모가 크고,
난이도가 높고, 공기가 시급한 건설사업을
혼자 힘으로 해결하기는 불가능하기 때문이다.

어떤 건설사업과 발주자에게 책임형 CM이 어울리는지를 한 가지로 꼭 짚어 얘기하기는 쉽지 않다. 상당히 복합적인 요인이 작용하기 때문에 기계적인 공식은 존재하지 않는다.

첫째 요인은 건설사업의 규모이다. 작은 규모의 건설사업보다는 큰 규모의 건설사업에 상대적으로 더 어울린다. 큰 규모의 건설사업일수록 더 많은 공사비가 투입되고 장기간에 걸쳐 시행되기 때문에 발주자 입장에서는 더 신경이 쓰이기 때문이다. 물론 규모만 가지고는 설명이 되지 않는 부분도 있다. 1,000억 원 규모의 아파트보다는 500억 원 규모의 병원이나 복합시설이 더 난이도가 높기 때문이다.

결국 두 번째 요인은 건설사업의 난이도이다. 상식적인 이야기이지만 난이도가 높고 복잡한 사업일수록 전문적인 관리를 필요로 한다. 그러나 난이도 역시 상대적인 개념이다. 동일한 건설사업을 두고도 발주자의 경험 수준에 따라 난이도의 체감도에는 차이가 있기 때문이다.

따라서 세 번째 요인은 발주자의 경험과 역량이다. 해당 사업에 대한 발주자의 경험과 건설사업을 직접 관리 할 수 있는 발주자 조직과 인원이 부족할수록 책임형 CM은 적합하다.

공기(工期)의 시급성이라는 네 번째 요인도 있다. 책임형 CM에서는 패스트트랙(Fast Track)[9] 이라는 것이 가능하다. 설계 後 시공이 아니라 설계와 시공의 병행(중첩)이라는 패스트트랙의 특징으로 인해 공기가 시급한 사업에서 적합하다. 그러나 웬만한 발주자라면 직접 패스트트랙을 진행하기 쉽지 않기 때문에 전문적인 관리자가 필요한 것이다.

이상에서 살펴본 바와 같이 책임형 CM이 어울리는 건설사업과 발주자 상황은 매우 복합적인 요인들이 작용한다. 상기 네 가지 요인이

9) 패스트트랙이란 설계가 완전히 종료되지 않은 상태에서 선(先) 착공을 하여 설계와 시공이 병행되는 방식으로 공기단축의 효과라는 장점을 지니고 있다. 일반적인 건설사업에서는 설계가 완전히 종료되어야 시공이 시작되는 방식을 채택해왔다. 그러나 책임형 CM사업에서는 책임형 CM사업자가 시공이전단계에서부터 참여하기 때문에 패스트트랙의 적용이 가능해진다.

모두 충족되어야만 책임형 CM이 적합한 것은 아니다. 이들 중 하나만이라도 해당 건설사업에서 크리티컬(Critical)한 요인이라면 책임형 CM을 고려해야할 충분한 이유가 되는 것이다.

그럼에도 불구하고 가장 중요한 요인은 무엇일까? 으뜸 요인은 세 번째 요인이다. 해당 건설사업이 크고, 어렵고, 공기가 급하더라도 발주자가 혼자서 잘 할 수 있다면 책임형 CM사업자가 굳이 필요하지 않을 것이다. 그러나 이런 슈퍼(Super) 발주자를 찾기는 현실적으로 매우 어렵다.

Question 12

책임형 CM의 기대효과는 무엇인가?

책임형 CM의 가장 중요한 기대효과는
발주자가 건설사업관리에 대한 부담을 줄이고
본연의 비즈니스에 집중할 수 있는 것,
전문가의 손길을 통해 건설사업의 실패 가능성을
낮추고 성공 가능성을 높이는 것, 패스트트랙을
통해 공기를 단축할 수 있는 것, 원가공개를 통한
공사비 관리의 투명성 확보 등으로 압축된다.

책임형 CM의 기대효과는 다양하지만 가장 중요한 기대효과는 크게 네 가지이다.

가장 중요한 기대효과는 발주자의 부담 및 스트레스 감소이다. 복잡하고 신경 쓸 일이 많은 건설사업을 발주자가 직접 관리하는 것은 그리 쉬운 일이 아니다. 이 과정에서 발주자들은 상당한 업무 부담과 스트레스를 받게 된다. 또한 대부분의 발주자들에게는 각자 하고 있는 고유의 일이나 비즈니스가 있다. 건설사업을 위한 신경을 쓰기 위해 고유의 일이나 비즈니스에 집중 하지 못한다면 이에 따른 문제나 손실이 발생할 수 있다. 건설사업관리의 역할을 책임형 CM사업자에게 맡긴다면 발주자는 부담과 스트레스를 피할 수 있고 본연의 일과 비즈니스에 집중할 수 있는 기대효과를 누릴 수 있다.

둘째는 전문가의 손길을 빌리기 때문에 나타나는 기대효과이다. 경험이나 역량이 부족한 발주자의 미숙한 건설사업관리나 사업 시행을 통해 나타날 수 있는 비효율성, 낭비, 실패 · 매몰 비용 등을 줄일 수

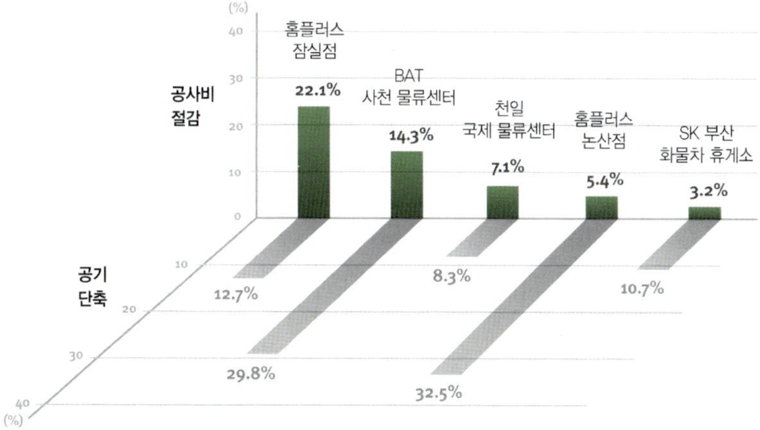

〈공기 단축 및 공사비 절감 실적 사례〉

있는 효과를 볼 수 있다. 동시에 전문적인 사업관리를 통해 공사비 준수/절감, 공기 준수/단축, 고품질 확보 등의 기대효과도 있다. 결국 건설사업의 실패 가능성을 낮추고, 성공 가능성을 높이는 것이 책임형 CM의 존재 이유이자 기대효과이다. 이러한 기대효과를 공사비 절감이라는 예를 통해 살펴보자. 흔히 공사비 절감이라 하면 단순히 시공단계에 투입되는 공사비의 절감으로만 이해하는 경향이다. 이 역시 중요하기는 하다. 그러나 정말 더 중요한 공사비 절감은 실패비용 또는 매몰비용의 절감이다.

책임형 CM사업자의 전문적인 관리를 통해 불필요한 비용의 발생을 사전에 차단하고, 미숙한 관리나 불합리한 의사결정으로 인해 발생하는 비효율 · 낭비 비용의 억제를 통한 공사비 절감이 더욱 중요하고 효과도 더 큰 것이다.

세 번째로 중요한 기대효과는 패스트트랙을 통한 공기단축의 기회이다. 설계와 시공을 병행해서 진행할 수 있기 때문에 설계 後 시공이라는 전통적인 방식보다는 공기단축이 가능해진다. 사실 이는 책임형 CM의 기대효과이며 동시에 발주자들이 책임형 CM을 찾는 이유 중 하나이기도 하다.

마지막으로 공사비 관리의 투명성 확보라는 효과를 거둘 수 있다. 뒤에서 구체적으로 설명하겠지만 책임형 CM방식에서는 원가공개(Open Book)라는 원칙이 적용된다. 실제로 투입되는 공사비를 발주자에게 모두 공개하는 방식이다. 발주자 입장에서는 자신이 투입한 비용이 제대로 사용되고 있는지를 확인 할 수 있는 기회를 가지는 장점이 있다.

1 CM기초 다지기

2 책임형 CM 이해하기

3

책임형 CM 활용하기

4 책임형 CM에 대한 단골 Q&A

5 맺는말

Question 13

책임형 CM을 활용하는 건설사업은 어떤 단계로 진행되는가?

책임형 CM사업도 일반적인 건설사업의 경우와 동일하게 설계 → 입찰/계약 → 시공이라는 단계로 진행된다. 다만, 설계초기(또는 이전)단계에서 책임형 CM사업자가 선정되는 것과 설계와 시공이 병행되는 점이 일반적인 건설사업과는 다른 진행이다.

책임형 CM을 활용하는 건설사업(이하, 책임형 CM사업)이 진행되는 형태는 다양하다. 각 사업마다 지니는 다른 환경과 특수성이 있기 때문이다. 그렇다고 다양한 경우의 수를 다 고려해서 설명하자면 내용이 산만해질 우려가 있다. 따라서 이해를 돕기 위해 가장 일반적인 경우를 가정해서 설명하는 것이 좋을 것 같다. 발주자 입장에서는 이를 기본 틀로 하여 책임형 CM사업자와의 협의를 통해 해당 사업의 특성에 맞게 운영할 필요가 있다.

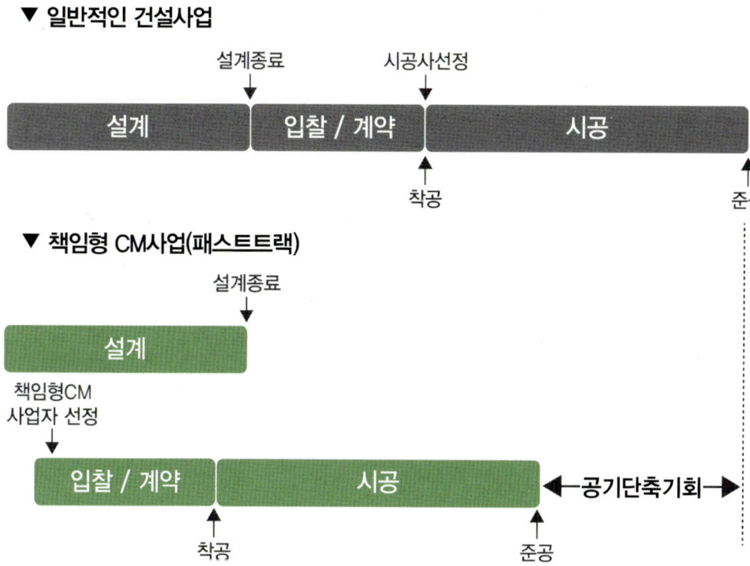

〈일반적인 건설사업과 책임형 CM사업의 진행방식 비교〉

일반적인 건설사업과 책임형 CM사업의 진행 방식을 비교해보면 설계 → 입찰/계약 → 시공 이라는 순서에서는 차이가 없다. 다만 큰 차이는 책임형 CM사업에서 주로 채택되는 패스트트랙의 특성상 설계초기(또는 이전)단계에서 책임형 CM사업자를 선정하는 것과 설계와 시공이 병행되는 것이다.

일반적인 절차는 설계초기(또는 이전단계)에 책임형 CM사업자를 선정하기 위한 공고를 내고 책임형 CM사업자로부터 제출된 각종 서류(경험, 실적, 가격, 기술제안 등)를 종합적으로 평가하여 책임형 CM

사업자를 선정하는 과정을 거친다. 이때 특이한 점은 책임형 CM사업자를 선정하는 시점에서 공사비 견적을 받기는 하지만 이는 계약적으로 상호 구속력을 지니지 않는 참고금액(Reference Cost) 또는 목표금액(Target Cost)이라는 특성을 지닌다. 공사비에 대한 계약적 구속력은 GMP 상호 합의 및 확정 이후부터 발효된다. (GMP에 대한 내용은 Question 16~Question 20 참조)

Question 14

책임형 CM사업자는 언제 선정하여 활용하는 것이 좋은가?

책임형 CM사업자를 언제부터 활용할지는
발주자가 결정할 사항이다.
그러나 활용 시점이 이를수록 CM효과를
극대화 할 수 있고 건설사업의 낭비를 줄일 수 있다는
것이 성공 사례를 통해 나타나는 교훈이다.

건설사업의 어느 단계에서부터 책임형 CM사업자를 활용해야 할지는 발주자의 선택에 달려있다. 따라서 발주자가 책임형 CM사업자를 "반드시" 사업초기단계 또는 시공이전단계에서부터 활용해야하는 의무는 없다. 그러나 CM효과를 극대화시키고 건설사업의 낭비를 줄이기 위해서는 사업초기단계에서부터 책임형 CM사업자를 활용하는 것이 바람직하다. 즉, 이를수록 좋다는 것이다.

혼자서 공부하기 어려운 고3 학생이 수능을 앞두고 언제부터 과외선생을 쓰는 것이 바람직할까? 월드컵을 앞두고 언제부터 유능한 감독을 선임하는 것이 긍정적인 효과를 기대할 수 있을까? 코앞에 닥치기 전에 미리 미리 활용하는 것이 바람직 할 것이다.

건설사업의 경우도 이와 동일하다. 특히 건설사업에서는 전반전(시공이전단계)이 매우 중요하다. 축구는 전반전과 후반전에서 승부를 내지 못해도 연장전에서 잘하면 이길 수도 있지만, 건설사업에서는 전반전을 제대로 치르지 못하면 후반전과 연장전에서 승부를 뒤집을 수 있는 가능성은 극히 희박하다.

건설사업에서 시공이전단계는 "계획", 시공단계부터는 "실행"이라는 특징을 지닌다. 계획의 질이 실행의 질을 결정한다는 것은 지극히

Short Q&A

Q 책임형 CM사업자를 시공단계에서만 활용할 수 있는가?

A 활용할 수도 있다. 그러나 그 경우라면 단순도급이지 책임형 CM은 아니다. 따라서 책임형 CM을 통해 얻을 수 있는 효과를 기대하기 어렵다. 참고로 책임형 CM을 수행할 수 있는 능력을 갖춘 기업은 단순도급도 수행할 수 있지만, 그 반대는 성립하지 않을 수도 있다는 것을 기억할 필요가 있다. 책임형 CM을 수행할 수 있는 능력을 갖춘 기업은 건설사업의 전후반전을 다 뛸 수 있는 '체력'을 갖춘 기업이지만, 단순도급만 할 수 있는 기업은 후반전 '체력' 밖에는 없기 때문이다.

상식적인 이야기이다. 따라서 기획, 타당성조사, 설계 등이 부실한 상태로 건설사업이 출발하면 아무리 시공이라는 실행을 잘해도 그 결과는 부실할 수밖에 없다. 처음부터 잘못된 길에 들어서면 아무리 그 길을 열심히 달려가도 엉뚱한 목적지에 도착하는 것과 같은 원리이다. 중간에 방향을 선회할 수도 있지만 시간과 비용의 낭비를 발주자는 감수해야 한다.

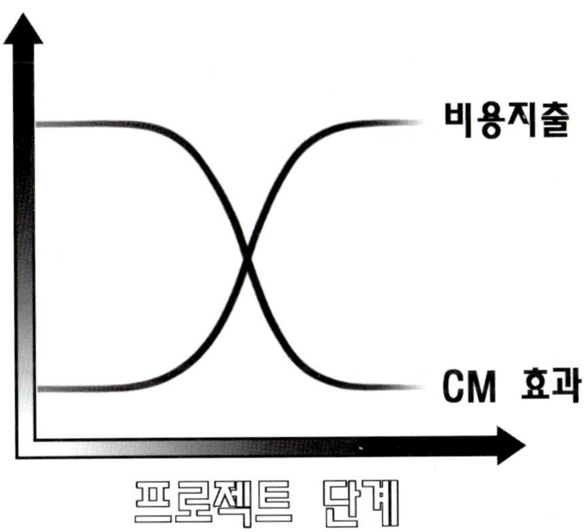

Question 15

책임형 CM사업자를 평가하고 선정하는 방법은 무엇인가?

책임형 CM사업자 선정 시 경험과 실적, 가격, 기술제안, 신인도 및 평판 등에 대한 종합적인 평가가 필요하며 어느 평가 요소에 더 비중을 두어야 할지는 발주자가 결정할 사항이다. 그러나 가격(입찰금액)이 지니는 성격을 명확하게 이해하여 평가 시 최저가에 현혹되지 않도록 유의할 필요가 있다.

책임형 CM사업자를 선정하는데 있어서 가장 중요한 평가 요소는 크게 네 가지 이다.

- 유사한 사업을 얼마나 해 보았는가? ⇒ 경험과 실적
- 얼마를 지불해야 하는가? ⇒ 가격
- 일을 어떻게 하겠다고 하는가? ⇒ 기술제안
- 주변 입소문은 어떠한가? ⇒ 신인도 및 평판

네 가지 평가 요소를 가만히 살펴보면 일반적인 건설사업에서 시공자를 선정하는 것과 큰 차이는 없는 것처럼 보일 수 있다. 또한 네 가지 평가 요소 중 어느 평가 요소에 더 비중을 두어야 할지는 발주자가 결정할 사항이다.

그러나 반드시 유의할 사항이 있다. 바로 가격(입찰금액)에 관한 평가이다. 책임형 CM사업자가 입찰과정에서 제출하는 가격제안은 건설사업관리 용역비와 공사비로 구분된다.

그런데 책임형 CM사업자를 선정하는 시점이 대부분 설계가 완전히 종료되기 이전이기 때문에 입찰 당시 제출되는 공사비는 확정(상세) 견적이 아닌 개략견적이라는 특성을 지닌다. 따라서 이 개략견적에는 견적 오차가 포함될 수밖에 없다. 또한 GMP 확정 이전에 입찰단계에서 제출되는 공사비는 계약적으로 구속되는 금액이 아니기 때문에 이를 경쟁의 요소로 판단하기 어렵다.

따라서 입찰자 중 상대적으로 저가(低價)로 입찰된 금액이 반드시 저가가 아닐 수도 있다는 것이다.

예를 들어, 설계초기단계에서 책임형 CM사업자를 선정하기 위해 입찰을 받았다고 가정해 보자. A라는 책임형 CM사업자는 공사비 300억으로 입찰하고, B는 250억으로 입찰을 했다고 가정해보자. 이때 A, B 모두 사업내용이 충분하지 않은 단계에서 입찰을 한 것이기 때문에 양 쪽 금액 모두 견적오차를 포함하고 있는 것이다. 비록 B가 250억이라는 금액을 제시하였어도 이 금액은 GMP 확정 이전까지 계약적 구속력을 지니지 않는 참고금액 · 목표금액에 불과하다. 따라서 B를 최저가라고 판단하고 발주자가 선정하여도 B는 이 금액을 준수할 계약적 책임은 없다.

이 상황을 다소 부정적으로 묘사하자면, B 입장에서는 의도적으로 공사비를 저가로 투찰하여 발주자를 현혹시키는 것도 가능하다. 대부분의 발주자들이 총액방식에 익숙한 현실을 감안할 때 발주자 입장에서는 B가 제출한 공사비가 최저가로 보일 것이고 이 금액이 총액방식에서처럼 계약적으로 구속력을 지니고 있다고 오판하기 쉽기 때문이다.

책임형 CM사업자의 선정 과정에서 제출된 공사비에 대해 발주자는 그 성격을 명확하게 이해할 필요가 있다. 가격이 참고적인 평가 요소는 되지만 이에만 의존하는 것은 위험하다는 점을 기억해야 한다. 미국 · 영국 등 책임형 CM을 우리보다 먼저 활용해온 국가에서 경험 · 실적과 신인도 · 평판을 가격 보다 더 중요한 평가 요소로[10] 인정하는 것은 바로 이런 이유 때문이다.

따라서 책임형 CM사업자를 선정하는 가장 합리적인 방법은 가격에 의존하는 것보다는 철저한 시장조사를 통해 해당 입찰자들의 경험, 실적, 신인도, 평판 등을 점검하여 이를 종합적으로 고려하는 것이 바람직하다.

다만, 책임형 CM사업자의 입찰금액 중 건설사업관리 용역비 부분에 대한 경쟁입찰은 어느 정도 가능하다. 용역비라는 성격 상 설계가 종료되지 않아도 어느 정도 합리적인 선에서 견적 및 평가가 가능하기 때문

10) QBS(Quality Based Selection)방식이라 하며 실적, 경험, 신인도, 평판도 등을 사업자 선정에 있어서 우선적으로 하는 사업자 선정 방식이다. 이와 반대되는 개념이 CBS(Cost Based Selection)로 최저가 낙찰이 이에 해당된다.

이다. 물론 이 역시 최저가의 함정에 빠지지 않는 주의가 필요하다. 건설사업관리 서비스는 전문성을 필요로 하는 무형(無形)의 서비스이다. 따라서 가격보다는 전문성을 중요한 잣대로 보는 것이 중요하다. 의사나 변호사를 선택할 때 제일 싼 사람만을 찾지 않는 것과 같은 이유이다.

지금까지의 논의를 정리해보면 책임형 CM사업자를 선정하는데 있어서 경험과 실적, 가격, 기술제안, 신인도 및 평판 등을 종합적으로 평가하되 가격이 지니는 성격을 명확하게 이해하여 평가 시 최저가에 현혹되지 않도록 유의할 필요가 있다.

Question 16

책임형 CM사업자의 대가는 어떻게 구성되어 있는가?

시공이전단계에서 책임형 CM사업자에게 지급하는 대가는 건설사업관리 용역비이고 시공단계에는 공사비를 지급하게 된다. 따라서 각 단계의 대가는 이러한 특성을 반영하는 구성을 보이게 된다.

책임형 CM사업자의 대가는 시공이전단계와 시공단계에서 서로 다른 성격과 구성을 갖는다. 시공이전단계의 대가는 건설사업관리 용역비만으로 구성되고 시공단계의 대가는 공사비로 구성된다.

시공이전단계와 시공단계를 구분하여 대가의 성격과 구성을 설명한 이유는 책임형 CM사업자에게 지급하는 대가에 대한 발주자의 이해를 돕기 위해서였다. 그러나 일반적으로 책임형 CM사업자의 대가를 지칭하는 대표 용어는 GMP(Guaranteed Maximum Price)[11] 이다. 따라서 책임형 CM사업자에게 지급하는 대가를 이해하기 위해서는 GMP에 대한 이해가 필수적이며 이에 대해서는 차차 설명하도록 하겠다.

그 보다 우선 GMP와 시공이전단계 및 시공단계의 대가가 어떤 관계를 지니고 있는지를 다음 그림을 통해 한번 살펴보자.

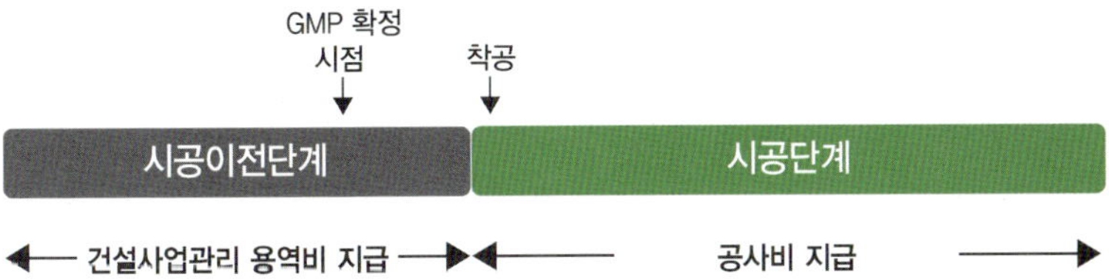

〈책임형 CM사업자에게 지급되는 대가의 구성〉

위 그림에서는 이미 설명한 시공이전단계와 시공단계의 대가가 어떤 성격을 지니고 있는지를 보여주고 있다. 동시에 GMP가 상호 합의되어 확정되는 시점도 보여주고 있다. 이 두 가지 내용을 조합해서 책임형 CM사업자에게 지급되는 대가에 대해 설명하면 다음과 같이 요약될 수 있다.

11) GMP라는 용어의 우리말 표현은 문맥에 따라 달라지며 최대보증공사비 또는 최대공사비보증 등으로 표현된다.

- GMP 결정시점 이전에는 건설사업관리 용역비만 지급된다.
- GMP는 남은 사업기간 동안에 지급할 시공이전단계 건설사업관리 용역비와 시공단계 공사비로 구성된다.
- GMP가 확정된 이후 착공이 되지 않은 시점이라도 조기 착공을 위해 선급금을 지불하는 것이 일반적이다.

이제는 GMP방식에 대해서 보다 구체적으로 살펴보자.

Question 17

GMP방식이란 무엇인가?

GMP방식이란 책임형 CM사업자에게 대가를 지급하는 가장 대표적인 방식이다. GMP방식의 기본원칙은 첫째, 만일 실제 공사비가 GMP를 초과하게 되면 이를 책임형 CM사업자가 부담하는 것이고 둘째는 만일 실제 공사비가 GMP 이하라면 그 차액을 발주자와 책임형 CM사업자가 서로 나누어 갖는 것이다.

책임형 CM의 활용을 검토하는 과정에서 발주자들이 가장 이해하기 어려워하는 사항은 GMP(최대공사비보증)방식에 관한 것이다. GMP방식은 건설사업에서 활용되는 대가방식 즉, 대가를 결정하고 지급하는 방식 중 하나이다.

우리나라의 민간 · 공공 발주자들에게 GMP방식은 매우 생소할 것이다. 대부분의 민간 발주자들에게 가장 익숙한 대가방식은 총액방식[12] 이고, 공공 발주자들에게는 총액단가방식도 익숙할 것이다. 건설사업에서 활용빈도가 높지는 않지만 실비정액가산방식이라는 대가방식을 들어본 발주자도 있을 것이다. 이들 방식과 비교해볼 때 GMP방식은 용어 자체부터 생소할 것이다.

민간이든 공공이든 우리나라 발주자들이 GMP방식을 어려워하는 이유는 이 방식을 접해볼 기회가 없었기 때문이다. 비록 미국, 영국 등과 같은 해외 국가에서는 GMP방식이 보편적으로 활용되고 있지만, 우리는 이를 아직 경험해보지 못했기 때문에 민간 발주자나 공공 발주자 모두에게 낯설고 난해하게 보일 수밖에 없다.

GMP방식의 개념은 간단하다. 그러나 실제로 이를 운영하는 것은 그리 간단치가 않다. 전통적인 총액방식에 비해 진보되고 정교한 대가방식이기 때문이다.

우선 GMP방식의 개념부터 먼저 이해해 보자. GMP방식을 문자 그대로 풀어보면, 공사비(Price)의 최대한도(Maximum)를 책임형 CM사업자가 발주자에게 보장하는(Guaranteed) 방식을 의미한다. 즉, 발주자와 책임형 CM사업자가 건설사업의 어느 특정 시점에서 - 일반적으로 설계 종료 이전 - 최대공사비를 상호간에 동의하면, 책임형 CM사업자는 이 금액 내에서 해당 건설사업을 마쳐야 하는 계약적 의무를 지게 되는 방식이다.

12) 우리나라에서는 총액계약방식이라는 용어를 주로 사용하고 있다. 그러나 엄격하게 구분하면 이는 계약방식이 아니라 대가방식 즉, 건설사업에 대한 대가를 결정하고 지급하는 방식(Pricing and Payment Mechanism)으로 정의하는 것이 적합하다.

만일 실제(실투입) 공사비가 상호 동의한 GMP를 초과하게 되면 책임형 CM사업자가 본인 부담으로 공사를 마쳐야 하는 것이 GMP방식의 기본원칙이다. 반대로 만일 실제 공사비가 상호 동의한 GMP 이하라면 그 차액을 발주자와 책임형 CM사업자가 공유하는 것도 또 다른 중요한 기본원칙이며 이를 절감액공유(Shared Savings)라고 한다. 비록 기본원칙은 간단해 보이지만 GMP를 제대로 운영하기 위해서는 이 기본원칙을 보다 세부적으로 이해할 필요가 있으며 몇 가지 포인트 레슨을 추가해 보자.

Short Q&A

Q 총액방식과 GMP방식의 가장 큰 차이점은 무엇인가?

A 계약적으로 상호 합의된 공사비로 공사를 마쳐야 한다는 관점에서 볼 때에는 총액방식이나 GMP방식에 큰 차이가 없다. 그러나 가장 큰 차이는 총액방식의 경우는 원가비공개(Closed Book)방식으로 공사비가 관리된다. 원가비공개방식이란 시공자가 공사에 실제로 투입한 금액이 얼마인지를 발주자에게 공개할 의무도 없고, 발주자가 이를 입증하라고 요구할 권리도 없는 공사비 관리방식이다. 공사비 집행이 일종의 블랙박스(Black Box)인 것이다. 반면 GMP방식은 원가공개(Open Book)방식으로 운영되며 유리박스(Glass Box)라고 할 수 있다. 원가공개방식에서는 책임형 CM사업자가 공사에 실제로 투입한 금액을 증빙서류와 함께 발주자에게 공개해야할 의무가 있고, 발주자도 이를 공개하라고 요구할 권리가 있는 공사비 관리방식을 의미한다.

Question 18

GMP방식 포인트 레슨 1: GMP방식의 기본 틀은 공사비 실비정산

GMP방식은 공사비에 대한 실비정산을 기본 틀로 운영된다. 주된 이유는 원가공개와 절감액공유라는 GMP방식의 기본원칙과 부합되고 발주자와 책임형 CM사업자간의 신뢰관계 구축에 일조(一助)하기 때문이다.

GMP방식의 기본원칙 이외에도 발주자들이 반드시 이해하고 있어야 할 몇 가지 중요한 포인트들이 있다.

- 첫째는 GMP방식의 기본 틀은 공사비 실비정산이라는 것이다.
- 둘째는 GMP를 상호 동의하고 확정하는 시점에 대한 이해이다.
- 셋째는 GMP는 고정된 것이 아니라 위 아래로 움직일 수도 있다는 것이다.

먼저 GMP방식은 공사비 실비정산을 기본 틀로 한다는 점에 대해서 살펴보자. GMP방식의 기본원칙 중 하나는 실제로 투입된 공사비를 발주자에게 공개하는 원가공개(Open Book)방식으로 운영된다는 것이다. 원가공개를 통해 실투입 공사비를 공개한다는 것은 결국 실비정산을 전제로 한다는 것과 동일한 의미이다. 실비정산을 하지 않을 거라면 굳이 실투입 공사비를 공개할 필요가 없기 때문이다.

GMP방식에서 실비정산을 바탕으로 하는 원가공개를 하는 이유는 크게 세 가지이다. 첫째, 일반적으로 발주자와 책임형 CM사업자간의 GMP 합의·확정은 설계가 완전히 종료되기 이전에 이루어진다. 발주자 입장에서는 사업의 내용이 모두 확정되지 않은 상태에서 산정된 공사비를 동의한 것이며 따라서 실제로 투입된 공사비에 대해서만 지급하기를 원하기 때문이다.

둘째, GMP방식의 또 다른 기본원칙인 절감액공유(Shared Savings) 때문이다. 절감액을 공정하게 나누기 위해서는 GMP와 실투입 공사비의 차액이 계산되어야 한다. 따라서 이 차액을 알기 위해 실비정산을 통한 실투입 공사비가 확인될 필요가 있다.

마지막으로 원가공개를 통해 발주자는 공사비가 제대로 투입되었는지 확인할 수 있으며 이는 발주자와 책임형 CM사업자의 신뢰관계 구축에 긍정적인 역할을 담당하기 때문이다.

Question 19

GMP방식 포인트 레슨 2: GMP 확정시점

GMP 확정시점에 대한 정답은 없다.
다만 설계가 완전히 종료되기 이전에 확정되어야
GMP방식을 채택하는 의의를 살릴 수 있다.
GMP 확정시점이 빨라질수록 공기단축의 기회는
높아진다. 공사비에 대한 확실성이 떨어지는
단점이 있기는 하지만 이를 보완하기 위해
원가를 공개하는 것이다.

발주자와 책임형 CM사업자는 GMP를 어느 시점에서 상호 합의하고 확정해야 하는가? 이에 대한 유일한 정답이나 기계적인 공식은 없다. 각 사업과 발주자의 환경이 다르기 때문이다.

원론적으로는 공사비의 확실성에 대해 상호 편안하게 생각하는 시점(Comfortable enough to sign off)이지만 실무적으로는 별 도

움이 되지 않을 것 같다. 따라서 실무적으로 이야기 하자면 설계가 50%~70% 종료되는 시점을[13] GMP 상호 합의에 적합한 시점으로 보는 것이 일반적인 견해이다. 이 시점에서 반드시 확정해야 한다는 의미라기보다는, 이 시점 즈음이 되면 해당 사업의 콘텐츠(Contents)가 어느 정도 결정되기 때문에 발주자나 책임형 CM사업자가 GMP에 동의하기가 용이하겠다는 의미로 해석하는 것이 바람직하다.

물론 이 시점 보다 더 빠를 수도 또는 더 늦추어 질 수도 있다. 이는 공기의 여유 · 긴급성 정도와 사업내용의 확실성 수준 등을 감안해서 양 측이 결정할 사항이다. 결국은 양 측이 편안하게 생각하는 시점이라는 원론으로 다시 귀착되는 것이다.

만일 GMP 수준에 대해 상호간에 확신이 서지 않는다면, 설계를 더 진행시킨 이후에 GMP를 확정하겠다는 선택도 가능하다. 그렇다면 설계가 다 종료된 이후에 GMP를 확정하는 선택은 어떨까? 이론적으로는 가능하지만 이 경우라면 GMP방식을 채택하는 것이 무의미하게 된다.

설계가 종료되기 이전보다는 설계가 다 종료된 이후가 공사비 예측에 대한 정확도는 높다. 그러나 설계가 다 종료된 이후라면 굳이 GMP방식을 채택할 필요가 없다. 그냥 총액방식으로 계약하면 된다. 그 대신 책

---

13) 설계가 어느 정도 진행되어야 50%~70%가 종료된 것인가? 이 역시 기계적인 공식은 존재하지 않는다. 발주자와 책임형 CM사업자가 사전에 설계도면 출도(出圖) 일정계획을 수립하여 진도율(%)을 정의하고 합의하면 된다.

임형 CM의 장점인 패스트트랙을 통한 공기단축의 기회는 놓치게 된다.

설계가 완전히 종료되기 이전에 GMP 확정이 필요한 이유는 그래야 상호간에 계약이 성립되고 책임형 CM사업자가 선(先)착공을 할 수 있기 때문이다. 물론 발주자 입장에서 보면 GMP를 빨리 합의할수록 공기단축의 기회는 높아지는 반면 공사비에 대한 확신은 낮아지게 된다. 반대로 공사비에 대한 확신을 높이기 위해 설계를 더 진행시키고 GMP 확정 시점을 늦출수록 공기단축의 기회는 낮아지게 된다. 결국 공기와 공사비간의 밸런스(Balance)에 대한 발주자의 선택이 필요하게 되는 것이다.

이러한 선택의 길목에서 공사비의 확실성에 대한 발주자의 불안감을 해소하기 위해 고안된 장치가 바로 원가공개인 것이다. 발주자 입장에서는 설계가 완전히 종료되지 않은 시점에서 GMP를 합의하더라도 원가공개에 의한 실비정산을 통해 실투입 공사비만 지급하면 되기 때문에 불안감을 다소 해소할 수 있다. 결국 원가공개라는 장치는 발주자의 불안감 해소라는 목적을 위해 고안된 것이고 발주자의 불안감이 해소되어야 비로소 발주자와 책임형 CM사업자간의 신뢰구축이 가능하게 되는 것이다. 공사비의 확실성에 대해 불안감과 의심을 지닌 발주자에게 책임형 CM사업자를 무조건 믿어 달라고 할 수는 없는 것이다. 신뢰를 위한 메커니즘(Mechanism)이 뒷받침 되어야 하는 것이며 그래서 원가공개가 필요한 것이다.

Question 20

GMP방식 포인트 레슨 3: GMP방식에 대한 대표적인 오해

GMP방식에 대해 「GMP를 초과하는 공사비는 책임형 CM사업자가 무조건 부담」이라는 오해가 종종 발생한다. 무조건 부담은 아니다. GMP방식에서 "G"는 「상호 사전에 합의한 공사 내용 및 범위에 대한 최대공사비」를 보증(Guaranteed) 하는 것이다. 사안에 따라서 GMP는 상향 또는 하향 조정될 수 있기 때문에 발주자는 GMP가 움직일 수 있는 가능성에 대해 인지할 필요가 있다.

이번에는 GMP방식에 대한 발주자들의 대표적인 오해를 한번 짚어보자. 「GMP를 초과하는 공사비는 책임형 CM사업자가 부담」이라는 GMP방식의 기본원칙을 처음 접할 때 많은 발주자들은 대단히 흥분한다. 발주자들이 걱정하고 신경 쓰는 공사비 초과에 대한 위험이 이제는 완전히 사라졌다고 생각하기 때문이다.

심지어는 "초과 공사비는 책임형 CM사업자가 부담한다고 하니 내(발주자)가 아무리 설계변경을 해도 이에 대한 추가비용 요구가 없겠구나"라고 생각하는 발주자도 간혹 있다. GMP방식에 대한 발주자들의 대표적인 오해이다.

단적으로 표현하면 GMP방식에서도 발주자의 설계변경에 대한 GMP증액은 발생한다. 더 쉽게 표현하면 GMP가 위로 움직일 가능성이 있다는 이야기이다. 이렇게 설명하면 많은 발주자들이 강한 불만을 제기한다. GMP의 "G"가 보증(Guaranteed)을 의미한다면서 GMP가 위로 움직일 수도 있다면 이게 무슨 최대공사비보증이라는 불만인 것이다.

최대공사비보증을 풀어서 설명하면 최대공사비(Maximum Price)를 합의하고 확정하는 시점에서 합의의 근거가 되었던 각종 설계도서를 바탕으로 산정된 금액을 최대공사비로 정의하고 이를 보증(Guaranteed)하는 것이다. 즉, GMP를 확정하는 시점에서는 포함되지 않았던 공사 범위(Work Scope)가 추후에 발생 또는 발견된다면 이는 추가 업무이며 이에 따른 설계변경과 증액이 발생할 수 있다.

물론 설계변경의 원천(源泉), 이유, 내용, 수준 등에 따라 발주자가 추가로 부담할 수도 있고 책임형 CM사업자가 부담할 수도 있다. 만일 발주자에 의한 설계변경이라는 것이 명백하다면 이는 GMP 증액의 사유가 된다. 결국 GMP방식에서 보증은 「상호 사전에 합의한 공사 내용 및 범위에 대한 최대공사비」를 대상으로 하는 것이다.

그렇다면 GMP의 하향 조정도 가능한 것인가? 가능하다. 위로 움직일 수 있다면 아래로도 움직일 수 있어야 상식적이고 공평한 것이다. 예를 들어, 만일 발주자가 사업 규모를 축소하거나 자재 수준을 낮추겠다고 결정하면 GMP의 하향 조정도 가능하다. 이 경우도 조정의 출발점은 GMP를 확정했던 시점에서 근거가 되었던 각종 설계도서이다. 한 가지 유의할 것이 있다. GMP가 하향 조정될 수 있는 가능성은 있지만 반드시 하향 조정이 되는지는 실무적으로 꼼꼼하게 계산해 보아야 한다. 예를 들어, 고급 바닥재를 기준으로 GMP를 확정하였는데 이후 발주자가 바닥재 등급을 낮추었다고 가정해 보자. 자재비는 절감되겠지만 자재가 공장에서 일부 또는 전부가 제작된 상태에서 주문을 취소하거나, 현장에 이미 반입되어 반납을 해야 하거나, 부분적으로 시공이 되었다면 매몰비용이 발생하게 된다. 만일 자재 변경에 따른 절감액이 매몰비용보다 크다면 GMP는 하향 조정되겠지만 그 차이가 크지 않다면 GMP는 발주자가 기대하는 수준만큼 내려가지 않을 수도 있다.

결론적으로 GMP는 위로든 아래로든 움직일 수 있는 것이다. 물론 무조건 움직이는 것은 아니고, 이에 대한 비용을 누가 부담해야 하는지도 사안마다 다르다.

Short Q&A

Q 책임형 CM에서는 반드시 GMP방식을 채택해야만 하는가?

A 반드시 그렇지는 않다. 비록 책임형 CM과 GMP방식이 보편적인 '짝'이기는 하지만 GMP방식이 익숙하지 않은 우리나라 발주자들에게는 GMP방식을 운영하기가 어려울 수도 있다. 대안으로 총액방식, 실비정액가산방식 (Cost Plus Fee) 등을 전부 또는 일부 가미(加味)하여 활용할 수 있다. 어느 방식이 적합한지는 해당 사업과 발주자의 특성에 따라 다를 수 있기 때문에 책임형 CM사업자와의 협의를 통해 결정하는 것이 바람직하다.

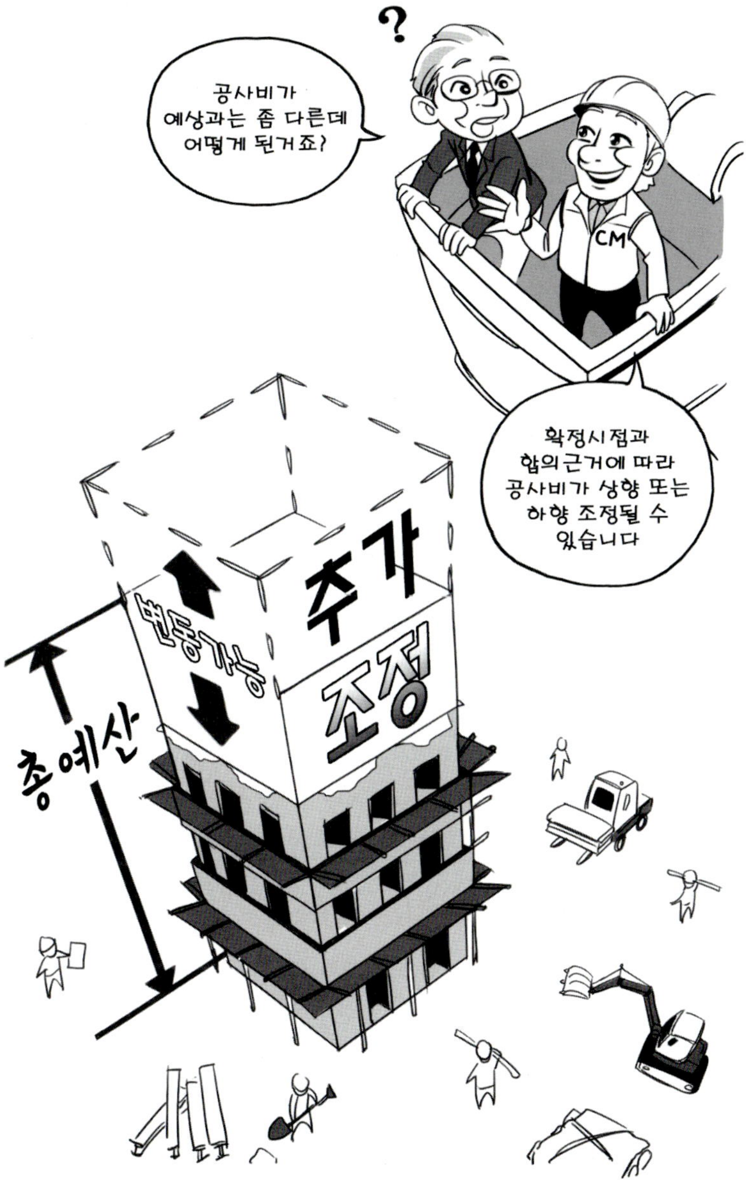
공사비가
예상과는 좀 다른데
어떻게 된거죠?
CM
확정시점과
합의근거에 따라
공사비가 상향 또는
하향 조정될 수
있습니다
추가
변동가능
조정
총예산

Question 21

원가공개(Open Book)는 필수적인가?

원가공개의 여부는 발주자의 선택사항이며 필수사항은 아니다. 다만 원가공개를 선택하지 않았을 때의 약점을 발주자는 이해하고 있어야 한다. 가장 바람직한 선택은 원가공개를 원칙으로 하되 발주자가 검증하고자 하는 근거 서류의 범위와 상세 수준을 책임형 CM사업자와 협의하여 실무적으로 적절한 선에서 결정하고 운영하는 것이다.

책임형 CM에서 GMP방식을 채택한다는 것은 공사비에 대한 원가공개를 전제로 한다. 실투입 공사비를 발주자에게 공개한다는 취지는 바람직하지만 발주자 입장에서는 몇 가지 고민거리가 생긴다.

- 첫째는 어느 정도 상세한 수준까지의 근거 서류를 요구해야 하는지?

- 둘째는 제출한 근거 서류를 신뢰할 수 있는지?
- 마지막으로 이것저것 다 귀찮다면 GMP방식을 원가공개방식으로 운영하지 않아도 되는지?

먼저 근거 서류의 상세 수준은 발주자가 정하기 나름이다. 예를 들어, 레미콘 송장이나 출력일보 등과 같이 아주 상세한 수준의 근거 서류 하나 하나까지 요구할 수도 있다. 아니면 공사비가 큰 항목이나 주요 자재에 대한 근거 서류만을 요구할 수도 있다. 또는 섞어서 랜덤(Random)하게 요구할 수도 있다. 어느 정도 상세수준의 근거 서류를 요구할지는 발주자가 감당할 수 있는 시간과 능력 수준에서 책임형 CM사업자와 결정하면 된다. 그러나 너무 상세한 수준의 근거 서류까지 제출하게 하면 발주자의 검토 부담이 너무 커지기 때문에 유의할 필요가 있다.

두 번째로 근거 서류의 신뢰성에 관한 고민이다. 이는 상당히 예민하고 어려운 부분이다. 책임형 CM사업자가 있는 그대로의 근거 서류를 모아서 발주자에게 제출해도 발주자가 이를 신뢰하지 못하겠다는 입장을 취할 수도 있다. 이를 해결하기 위해 발주자가 일일이 직접 주문을 하거나 영수증, 송장 등을 관리하는 방법도 생각해 볼 수 있을 것이다. 그러나 발주자에게 엄청난 업무 부담이며 실현가능성도 지극히 낮다. 동시에 발주자가 이런 일을 직접 할 수 있는 상황이라면 애초부터 책임형 CM 서비스를 받을 필요가 없는 것이다.

실투입 공사비 검증을 위해 별도의 컨설턴트를 고용하는 것도 생각해 볼 수 있다. 발주자의 검증 부담도 줄이고 검증의 정확도도 높일 수 있지만 발주자 입장에서는 이를 위한 별도의 비용이 발생하게 된다. 처음부터 신뢰할 수 있는 책임형 CM사업자를 뽑고 일단 제대로 뽑았다면 상호간의 신뢰관계를 구축하며 제출된 서류를 신뢰하는 선택도 고려해 볼 필요가 있다.

마지막으로 원가공개방식을 반드시 운영해야 하는가에 대한 고민이다. 일일이 실투입 공사비의 근거 서류를 받고 검증하는 것이 너무 힘들고 그런 역량도 없을 경우 이런 옵션(Option)도 발주자는 생각할 수 있을 것 같다. 이 역시 발주자의 선택 사항이다. 원가공개방식을 선택하지 않는다는 것은 결국 총액방식과 같이 원가비공개방식으로 운영한다는 것이다. 발주자가 실투입 공사비에 대한 근거 서류를 받지 않고 일반적인 기성신청서류만을 받아 공사비를 지급하는 형태로 운영되는 것이다.

GMP방식에서 원가비공개를 채택하는 것도 가능하지만 발주자가 감당해야 할 리스크는 인지하고 선택하는 것이 좋을 것 같다. 이미 설명한 바와 같이 GMP는 설계가 다 종료되기 이전에 상호간에 합의·확정되는 것이 일반적이다. 이를 책임형 CM사업자 입장에서 보면 설계가 종료되지 않은 상태에서 공사비를 견적하고 이에 대해 계약적으로 동의를 한다는 것을 의미한다. 따라서 책임형 CM사업자 입장에서는 아직 설계가 종료되지 않은 부분에 대해서 정확한 견적을 하기 어렵기 때문에 리스크 비용(Risk Costs)를 가미(加味)할 수밖에 없다. 그 결과로 설계가 완전히 종료되었을 때의 견적가 보다는 다소 높은 견적가를 제시할 수밖에 없다. 이를 확인하기 위해 GMP방식에서 원가공개라는 메커니즘이 필요했던 것이다.

따라서 원가공개 원칙을 완전히 포기하는 것 보다는 원가공개를 원칙으로 하되 발주자가 검증하고자 하는 근거 서류의 범위와 상세 수준을 책임형 CM사업자와 협의하여 실무적으로 적절한 선에서 결정하고 운영하는 것이 바람직한 선택이라고 할 수 있다.

Question 22

절감액공유(Shared Savings)는 필수적인가?

절감액공유는 바람직한 메커니즘이지만
의무적이거나 필수적인 사항은 아니다.
발주자와 책임형 CM사업자가 역학적 · 정치적인
관점에서 적용 여부나 공유 비율을 결정해야 한다.
발주자는 절감액공유 비율에 따른 혜택과
리스크를 꼼꼼히 따져보아야 한다.

이제 GMP방식의 중요한 기본원칙 중 하나인 절감액공유에 대해서 살펴보자. GMP 中 공사비에서 절감된 부분이 있다면 이를 계약적으로 사전에 합의한 일정 비율에 따라 발주자와 책임형 CM사업자가 나누어 가지면 된다. 나누는 시점은 최종정산 또는 준공정산 시점이 될 것이다.

절감액공유 비율은 어느 수준이 적정한가? 정해진 공식은 없고 발주자와 책임형 CM사업자가 상호 합의하여 결정하고 절감액공유 조항(Shared Savings Clause)을 계약서에 명시하면 된다.

비록 정해진 공식은 없지만 「발주자 공유비율 ≥ 책임형 CM사업자 공유비율」이 되는 것이 일반적이다. 어차피 정해진 공식도 없고 타(他) 국가의 경우도 법적 · 제도적으로 이 비율을 강제적으로 규정한 사례는 아직 접해보지 못했다. 따라서 발주자와 책임형 CM사업자가 정치적 · 역학적으로 풀어야 할 부분이라고 해두는 것이 가장 적당한 설명이다.

다만, 비율에 따라 달라지는 상황을 시뮬레이션 해 볼 필요는 있다. 책임형 CM사업자에게 할애되는 비율이 높아질수록 공사비 절감에 대한 책임형 CM사업자의 노력은 그만큼 더 커진다. 절감액이 클수록 자신에게 돌아오는 금전적인 혜택이 커지기 때문이다. 절감액이 커지면 발주자도 나쁠 것은 없다. '공돈'이 생기기 때문이다.

그러나 리스크도 존재한다. 무리한 공사비 절감 노력이 자칫하면 품질 하락, 안전사고 증가 등으로 이어질 가능성이 있기 때문이다.

절감액을 공유할 수 있는 기회가 있다는 것은 분명 책임형 CM사업자 입장에서는 긍정적인 인센티브(Incentive)이다. 공사비 절감을 위한 책임형 CM사업자의 노력을 독려할 수 있는 명약(名藥)이 될 수 있다. 하지만 과유불급(過猶不及)이기도 하다. 자칫 잘못하면 품질, 안전 등을 해치는 독약(毒藥)이 될 수도 있다. 이 점을 발주자는 충분히 인지하고 절감액공유 비율을 결정하는 것이 바람직하다.

1 CM기초 다지기

2 책임형 CM 이해하기

3 책임형 CM 활용하기

4

책임형 CM에 대한 단골 Q&A

5 맺는말

Question

책임형 CM에 대한 단골 Q&A

■ 책임형 CM과 턴키는 어떻게 다른가?

책임형 CM과 턴키(Turnkey)는 둘 다 건설사업을 조달하는 방식이다. 이 두 가지 방식은 사업자의 정체성과 역할이라는 측면에서 차이점이 있다. 책임형 CM사업자는 「설계관리자(건설사업관리자) + 시공자」라는 정체성을 지니며, 턴키사업자는 「설계자 + 시공자」 라는 정체성을 지닌다. 즉, 시공이전단계에서의 정체성과 역할이 다르게 나타난다.

책임형 CM사업자는 시공이전단계에서 설계관리자의 역할을 담당하는 반면에 턴키사업자는 설계자의 역할을 담당한다.

■ 책임형 CM사업자가 시공만 해줄 수도 있는가?

법적으로는 가능하지만, 실무적으로는 가능할 수도 있고 불가능 할 수도 있다. 현재 우리나라에서는 종합건설사로 등록해야만 책임형 CM을 할 수 있도록 건설산업기본법에서 규정하고 있다. 따라서 책임형 CM사업자라면 종합건설사로 등록되어 있어야 하기 때문에 시공(만)을 수행하는 것도 가능하다. 그러나 종합건설사로 등록되어 있다고 해서 책임형 CM을 수행할 수 있는 능력이 자동으로 생기는 것은 아니다. 따라서 실무적인 역량 측면에서 보면 가능할 수도 있고 불가능할 수도 있다는 대답이 나오게 된다.

■ 책임형 CM을 하면 가장 싸게 건물을 지을 수 있는가?

이 질문에 대한 답변은 사실상 불가능하다. "싸게"라는 것은 절대적인 개념이 아니라 상대적인 개념이기 때문이다. 무엇과 대비해서 "싸게"라는 비교대상이 있어야 비로소 비교답변이 가능하다. 설사 비교 대상이 있다 할지라도 어떤 상황이나 조건을 전제로 한 "싸게"인지가 모호하다.

"책임형 CM이 가장 싸게 건물을 짓는 방법이다"라는 답변을 확정적으로 하지 못하는 것을 보고 발주자는 이런 오해를 할 수도 있을 것 같다: "가장 싸게 짓는 방법은 따로 있나 보지?", "그럼 가장 싸게 짓는 방법은 무엇일까?". 결론적으로 그런 방법은 존재하지 않는다. 만일 가장 싸게 건물을 짓는 방법이 존재한다면 모든 건설사업이 그 방식으로 수행되었을 것이다. 그러나 건설사업을 수행하는 방식은 매우 다양하다.[14)]

건설사업을 수행하는 방식이 한 가지가 아니고 다양하다는 것은 건물을 가장 싸게 짓는 유일한 방식은 존재하지 않는다는 증거이다.

유럽여행을 가장 싸게 다녀오는 방법은 무엇일까? 비행기 표만 싸게 샀다고 가장 싸게 다녀올 수 있는가? 그렇지 않다. 어떤 일정으로 어디에서 숙박을 하고 어디를 다녀오는가에 따라 비용은 크게 달라진다. 건설사업의 경우도 동일하다. 단순히 특정 방식을 하나 채택했다

---

14) 단순도급방식, 책임형 CM방식, 용역형 CM방식, 턴키방식, PF방식, BTO방식, BTL방식 등이 대표적인 예이다.

고 해서 건물을 가장 싸게 지을 수 있는 것은 아니다. 매우 다양한 다른 변수들이 존재하기 때문이다.

책임형 CM으로 건물을 가장 싸게 지을 수도 있고 그렇지 않을 수도 있다. 이는 다른 어떤 방식을 채택해도 마찬가지이다. 다만, 책임형 CM을 제대로 수행할 수 있는 역량을 갖춘 기업이라면 공사비를 절감할 수 있는 역량을 갖추었다고 보는 것이 합리적인 인식이라고 설명할 수는 있다.

또한 대부분의 발주자들이 건설사업을 통해 기대하는 것이 단순히 "가장 싸게"만은 아닐 것이다. 만일 가장 싸게 할 수 있다면 준공일(공기)이나 품질은 아무렇게나 되어도 괜찮다는 발주자는 아마도 존재하지 않을 것이다. 결국 공사비(Cost), 공기(Time), 품질(Quality)의 균형을 원하는 것이며 이들 간의 균형을 가치(Value)라고 한다.

진정으로 발주자를 위하는 책임형 CM사업자라면 해당 건설사업의 가치 창출을 목표로 하는 것이 올바른 태도이다. 따라서 발주자 입장에서도 책임형 CM사업자에게 묻고 도전을 던져야 할 것은 "가장 싸게 지을 수 있는 가?"가 아니라 "해당 사업의 가치 또는 발주자의 가치를 달성할 수 있는가?"라고 할 수 있다.

■ 책임형 CM사업자와의 계약을 위해 어떤 계약서를 사용해야 하는가?

미국, 영국 등과 같이 책임형 CM을 오랜 기간 활용해 온 해외국가에는 다양한 형태의 표준계약서가 존재한다. 그러나 현재 우리나라에는 정부나 관련 전문단체에서 발간한 표준계약서는 존재하지 않는다. 따라서 용역형 CM계약서와 공사도급계약서 사례를 혼합해서 활용하는 것이 현재까지는 실무적인 대안이다.

■ 책임형 CM은 사업규모에 상관없이 활용할 수 있나?

책임형 CM의 적용이 가능한 최소 사업규모라는 것은 없다. 다만 규모가 아주 작은 사업이라면 그다지 난이도가 높지 않을 것이기 때문에 책임형 CM이라는 정교한 방식의 필요성을 발주자들이 느끼지 못하는 것이 일반적이다. 그럼에도 불구하고 사업규모는 책임형 CM의 활용 여부를 결정하는 잣대 중 하나에 불과하며 공기의 시급성, 발주자의 전문성 · 역량 등도 종합적으로 고려해서 책임형 CM의 활용 여부를 결정할 필요가 있다.

■ 책임형 CM을 하면 공사비 조달도 알아서 해주나?

이 질문은 책임형 CM사업자에게 프로젝트 금융(Project Financing)의 역할 · 업무까지도 주문하는 것이 가능한가에 대한 질문으로 해석된다. 일단 원론적으로는 가능하다고 답변할 수 있다. 책임형 CM사업자가 PF 경험, 노하우, 신용도 등을 갖추고 있다면 가능할 것이다. 하지만 PF 실행의 실제 가능성은 발주자 주문 여부와는 큰 상관이 없다. 현실적으로 PF 실행의 가능 여부는 책임형 CM사업자가 아닌 금융권의 손에 달려있기 때문이다.

■ 적정 공사비만 산출해 줄 수 있나?

능력 있는 책임형 CM사업자라면 적정 공사비를 산출할 수 있는 능력을 갖추고 있을 것이다. 다만 이 업무만을 위한 서비스를 제공할지는 의문이다. 책임형 CM사업자 입장에서는 「건설사업관리 + 시공」 서비스를 수주하는 것이 최대 관심사이기 때문에 '덩어리'가 작은 공사비 산출 서비스에 큰 관심을 보일 것 같지는 않다.

■ 책임형 CM을 하면 설계사, 감리사, 건설사가 다 필요 없는 건가?

종합건설사는 필요 없다. 책임형 CM사업자가 종합건설사로 등록되어 있기 때문이다. 따라서 책임형 CM사업자 밑에 다시 종합건설사를 두는 것은 불필요한 옥상옥(屋上屋)일 뿐이다. 책임형 CM은 발주자가 별도로 설계사를 고용하는 것을 전제로 하는 방식이다. 따라서 설계사는 발주자가 별도로 고용해야 한다.

감리사는 필요하다. 현재 우리나라에는 건축사법, 주택법, 건설기술관리법 등을 통해 감리사를 의무적으로 고용해야 하는 건설사업에 대해 규정하고 있다. 이 규정에 해당된다면 감리사는 반드시 고용해야 한다. 책임형 CM사업자를 고용하였다고 해서 감리사의 고용이 자동으로 면제되는 것은 아니다. 전문건설사는 당연히 고용해야 한다. 발주자가 고용하는 것은 아니고 책임형 CM사업자와 (하도급)계약을 맺고 책임형 CM사업자의 협력(하도급)업체로 참여하는 것이다.

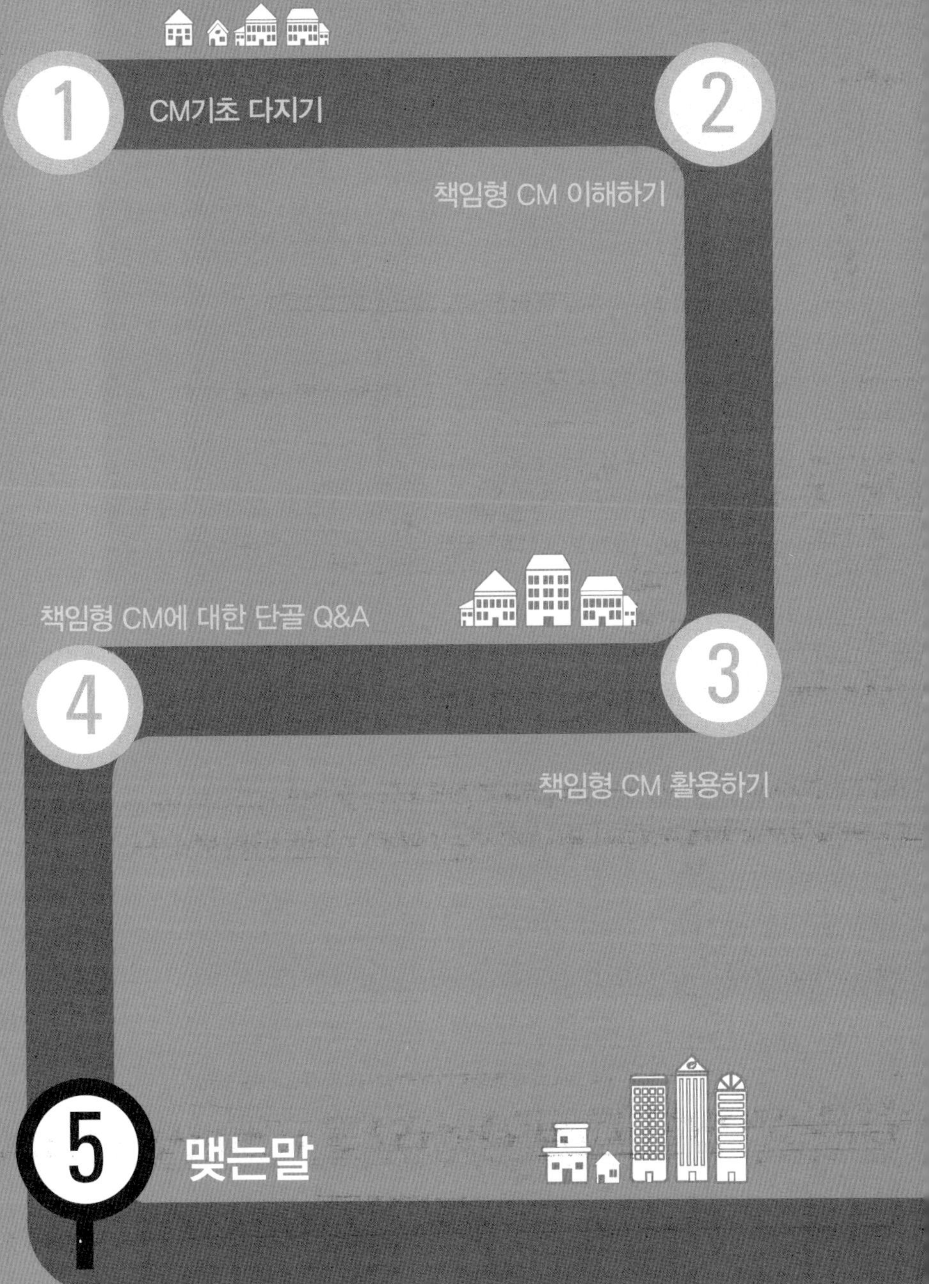
1
CM기초 다지기
2
책임형 CM 이해하기
3
책임형 CM 활용하기
4
책임형 CM에 대한 단골 Q&A
5
맺는말

맺는말

책임형 CM을 처음 접하는 발주자는 이를 어렵게 생각할 수도 있다. 책임형 CM, 패스트트랙, GMP, 원가공개, 절감액공유 등 기존의 일반적인 건설사업에서는 접해보지 못한 새로운 용어와 개념에 당황 할 수도 있을 것 같다.

책임형 CM이 그다지 어려운 것은 아니다. 익숙하지 않기 때문에 어렵게 보일 뿐이다. 또한 일반적인 건설사업에 비해 보다 진보되고 정교한 메커니즘이 활용되기 때문에 어렵게 보일 수도 있다.

익숙하지 않은 방법을 굳이 공부까지 하면서 활용해야 하는가?

이는 궁극적으로 발주자의 몫이며 선택이다. 그러나 책임형 CM이라는 새로운 방식이 등장한 이유는 기존의 전통적인 방식이 채워주지 못하는 갭(Gap)이 있었기 때문이다. 책임형 CM이 모든 건설사업과 모든 발주자에게 어울리거나 필요한 것은 아니다. 그러나 책임형 CM이 제공하는 장점과 혜택을 볼 수 있는 건설사업과 발주자는 얼마든지 존재한다.

복잡하고 스트레스 받는 건설사업관리라는 역할을 전문가의 손에 맡겨 본인은 본연의 일에 집중하고 싶은 발주자, 직접 건설사업관리를 하기에는 인원, 경험, 역량이 부족하다고 판단되는 발주자, 사업기간이 촉박해 공기를 반드시 준수해야 하거나 단축이 필요한 발주자, 전문적인 관리를 통해 건설사업의 비효율성을 줄이고 효율성을 향상시키고 싶은 발주자, 실패/매몰 비용을 절감하고 싶은 발주자, 건설사업의 실패 가능성을 줄이고 성공 가능성을 높이고 싶은 발주자, 책임형 CM은 이런 발주자들을 위해 고안된 해법이다.

이런 상황에 해당되는 건설사업과 발주자라면 책임형 CM을 한번쯤 공부하고 활용 여부를 고민할만한 이유와 가치는 충분히 있는 것이다.

책임형 CM사업자를 선정하는 과정에서 발주자가 반드시 유념해야 할 포인트가 있다. 책임형 CM사업자를 뽑는 것은 발주자를 위해 건설사업을 관리해 줄 자기 직원을 뽑는 것과 다르지 않다. 목표는 발주자 조직의 관리능력을 강화하는 것이다.

자기 직원을 뽑을 때 어떤 기준을 채택하겠는가? 가장 임금을 싸게 줄 수 있는 직원인가? 아니면 일 잘한다고 소문나고 능력과 경험이 있는 직원인가?

책임형 CM사업자를 선정하는 것은 또 다른 '업자'를 뽑는 행위가 아니라 자기 사람을 뽑는 행위임을 발주자는 기억하며 지혜로운 선택을 내릴 필요가 있다.

부록

책임형CM과 사업관리형 CM의 비교

책임형 CM과 '사촌지간'인 사업관리형 CM을 이해하면 CM의 전반적인 모습을 더 잘 이해할 수 있다. 부록에서는 사업관리형 CM의 핵심 내용을 5가지 관점에서 요약 정리하였다.

1. 용역형 CM vs. 책임형 CM

CM방식은 크게 용역형 CM(CM for Fee)과 책임형 CM(CM at Risk)으로 구분된다. 이 두 가지 방식의 큰 차이점 중 하나는 용역형 CM사업자는 전문건설사와 하도급계약을 체결하지 않지만, 책임형 CM사업자는 전문건설사와 하도급 계약을 체결한다는 것이다.

2. 용역형 CM의 전형적인 2가지 형태

용역형 CM은 다양한 형태로 존재하지만 2가지 타입(type)이 가장 일반적이다.

- Type 1: 분리발주형 CM(사업관리형 CM)
- Type 2: 국내 보편적인 용역형 CM

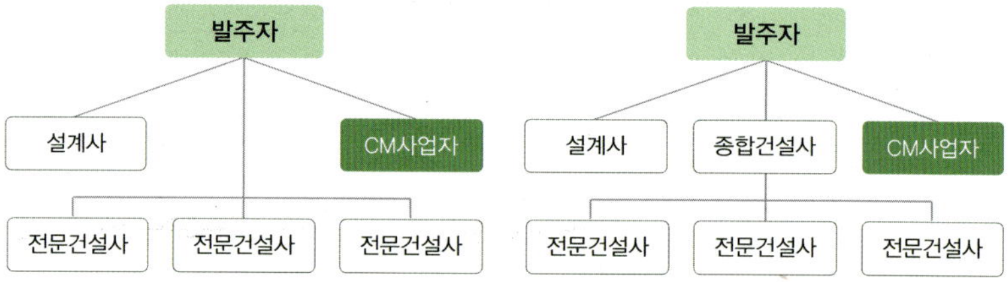

〈Type 1: 분리발주형 CM(사업관리형 CM)〉 〈Type 2: 국내 보편적인 용역형 CM〉

위 그림을 보면 Type 1에는 종합건설사가 참여하지 않지만, Type 2에는 종합건설사가 참여한다는 특징을 관찰할 수 있다.

3. Type 1, 사업관리형 CM이 용역형 CM의 '대표선수'이다.

Type 1을 지칭하는 용어는 다양하다. 영어로는 CM for Fee이지만 우리나라에서 번역되는 과정에서 분리발주기반 용역형 CM, 다중시공기반 용역형 CM, 직할시공기반 용역형 CM이라고 지칭되기도 하고 사업관리형 CM이라고 불리는 경우도 있다.

Type 1과 Type 2를 모두 용역형 CM이라고 부를 수 있지만, 가장 대표적인 용역형 CM을 손꼽으라면 Type 1, 사업관리형 CM이라고 할 수 있다. 사업관리형 CM을 자세히 살펴보면 발주자가 건설사업을 공종별로 분리발주하여 다수의 전문건설사들과 직계약 하는 구도에 CM사업자가 참여하는 형태라는 것을 알 수 있다.

4. 사업관리형 CM이란?

사업관리형 CM은 전문적인 CM사업자의 도움을 받아 발주자가 직접 공사 전반을 관리함으로써 품질을 높이고 공사비를 최소화 할 수 있는 방식이다.

발주자가 건설사업을 다수의 공종으로 분리발주하고 각 공종별로 전문건설사와 직계약하는 방식에는 장점과 단점이 있다. 가장 큰 장점은 종합건설사에게 지급되는 비용을 절감할 수 있고, 발주자가 직접 시공을 컨트롤 할 수 있으며, 패스트트랙을 통한 공기단축이 가능해 진다는 것이다.

반면 발주자가 직접 전문건설사들을 관리해야 되기 때문에 발주자의 건설사업관리 부담과 리스크가 증가한다는 단점이 있다.

이러한 단점을 보완하기 위해서 전문적인 CM사업자를 고용하여 건설사업관리 업무와 역할을 맡기는 것이 필요하였고 이를 사업관리형 CM이라고 지칭하게 된 것이다.

전통적인 시공사 일괄도급방식

사업주가 시공사와 도급계약을 맺어 시공하도록 하는 전통적인 계약방식

▶ 시공사의 O&P발생으로 사업주의 비용부담

▶ 시공사 위주의 공사수행으로 사업주의 의사를 반영하기 어려움

▶ 계약 후 잦은 설계변경으로 분쟁발생 및 최종 사업비 증가 경향

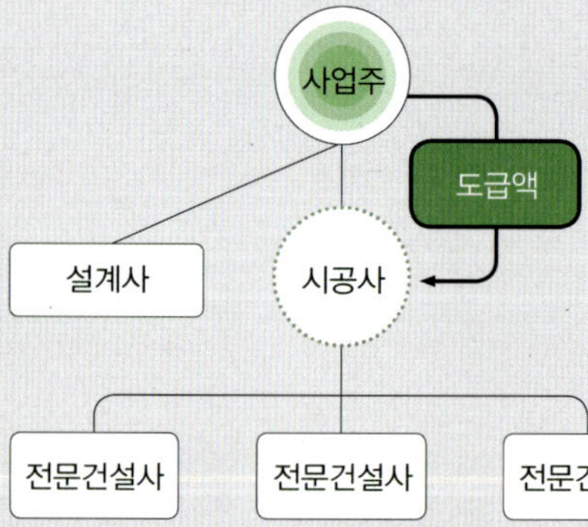

사업관리형 CM방식

사업주가 직접 전문건설업자와 계약하되 CM사가 사업주의 대리인으로서 공사를 통합관리하는 방식

- ▶ 사업주가 공종별 공사수행업체와 직접 계약함으로써 공사비 절감
- ▶ 공종별 순차발주 및 공사착수가 가능하므로 공사기간 단축
- ▶ 시공단계에도 사업주 의사반영이 용이하여 사업주 이익 극대화 가능

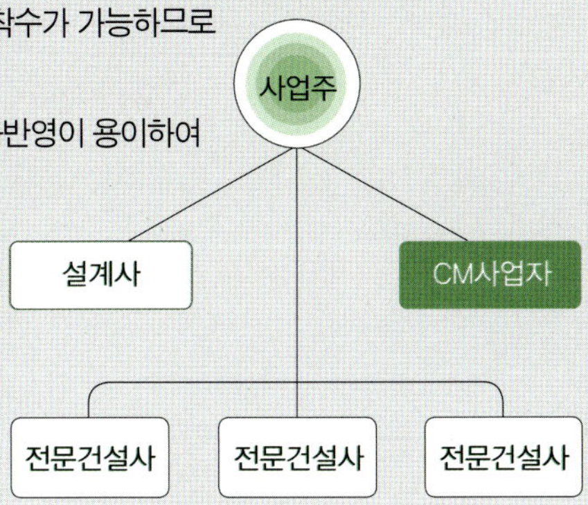

책임형 CM방식

사업주와 CM사가 시공사를 대신하여 책임형CM방식으로 건설사업을 수행하는 계약방식

- ▶ 발주 프로세스 개선을 통한 공사비 절감 가능
- ▶ 설계 초기단계에서부터 적용시 최적 설계를 통한 사업주 맞춤형 건축물 창출이 가능하고 계약 후 시공 단계에서도 사업주의 적극적인 의사반영이 용이함
- ▶ Fast Track에 의한 선발주가 가능하므로 사업기간이 단축

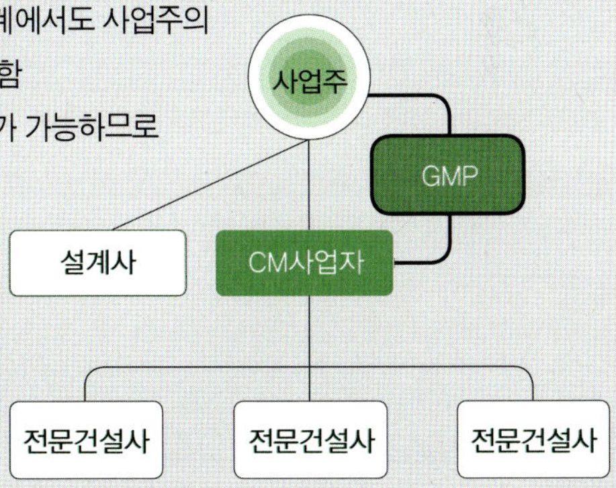

5. 사업관리형 CM은 책임형 CM의 중요한 '밑천'

사업관리형 CM이 용역형 CM의 한 종류이기는 하지만 시공단계의 사업관리기능 관점에서 보면 책임형 CM사업자의 시공단계 사업관리 기능과 유사하다.

다만, 차이점이 있다면 사업관리형 CM사업자는 전문건설사와 하도급계약을 체결하지 않고 시공단계 사업관리 업무를 수행하지만, 책임형 CM사업자는 전문건설사와 하도급계약을 체결하고 시공단계 사업관리 업무를 수행한다는 점이다.

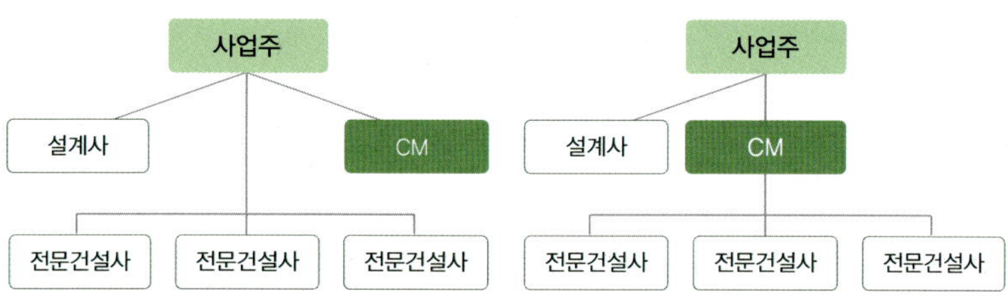

사업관리형 CM	책임형 CM (CM at Risk)
· CM사가 사업주를 대리하여 공사를 통합관리하는 방식 · 계약은 사업주가 직접 전문건설업자와 체결	· 사업주가 시공사 대신 CM사와 공사계약을 맺어 CM방식으로 관리하는 방식
· 시공자의 O&P를 배제하여 사업비 절감 · VE 및 Buying Power에 의한 직접비 절감	· 시공단계에도 사업주의 다양한 의사반영이 용이 · 공사 전과정을 Open하여 원가상승 Risk를 사전에 해소 가능
· 경험과 능력을 겸비한 CM사 선정이 중요함	· Open Book System에 대한 검증 등 사업주의 행정 업무 다소 증가 필요

사업관리형 CM(Type 1)이 지니는 특징으로 인해 국내 보편적인 용역형 CM(Type 2)의 경험을 가진 CM기업이 책임형 CM으로 직접 진입하기에는 무리가 있다. 책임형 CM을 수행하기 위해서는 사업관리형 CM을 수행한 경험이 중요하며 이는 사업관리 CM이 책임형 CM의 중요한 '밑천'이 된다는 것을 의미한다.

따라서 현재 우리나라 대부분의 용역형 CM기업들이 책임형 CM으로 진입하기 위해서는 사업관리형 CM의 경험과 역량을 쌓을 필요가 있다. 또한 발주자 입장에서는 책임형 CM사업자를 고용함에 있어서 사업관리형 CM의 경험과 역량을 확인해 볼 필요가 있다.

스마트한 발주자의 새로운 건설방식

CM@RISK

1판 1쇄 인쇄 2013년 3월 10일
1판 1쇄 발행 2013년 3월 15일

지은이 김한수
발행인 김병계
발행처 도서출판 보문당
등록 1990년 6월 15일(제1-1066호)
주소 서울시 마포구 신수동 448-6
전화 704-7025/704-0635
팩스 704-2324
홈페이지 www.bomoondang.co.kr
전자우편 bmdpub@naver.com

값10,000원

ISBN 978-89-8413-191-0 93540